Corporate Social Responsibility

藤木勇光 著

CSRは社会を変えるか

〝企業の社会的責任〟をめぐるJ-POWER社会貢献チームの挑戦

Corporate Social Responsibility

まえがき

ＣＳＲとは、Corporate Social Responsibilityの略語です。ご存知の通り、「企業の社会的責任」と訳されることが多く、多様な意味を含んでいます。

２００７年、わたしはひょんなことから、わたしの勤める会社の社会貢献活動、つまりこのＣＳＲの責任者となりました。以来、体験型の環境教育との出会いを通じて、さまざまなＮＰＯの方々、企業でＣＳＲを担当する方々、大学の先生方、次世代の社会を担う学生諸君たちとの交流を深めてきました。

それまで、わたし自身はＪ‐ＰＯＷＥＲ（電源開発株式会社）の社員として、会社の民営化の際の社員の意識改革・会社の新しい風土づくりという業務にも携わっていましたので、ＣＳＲというものの考え方にはもともと親和性があったかもしれません。一方で、ＣＳＲとは何かボランタリーな活動で、会社の本業とは別の、いわば「やってもやらなくてもいい仕事」という認識が社内の大勢を占めていたように思います。

やがてCSR担当者として仕事をはじめたわたしは、本書でご紹介する「エコ×エネ［*］体験プロジェクト」を介して、これまでに出会ったことのない方々と交流し、よりよい社会づくりや持続可能な社会の実現のために熱い思いを持って取り組む人たちが多数いることを知り、何度も驚いたり感銘を受けたりして、得難い経験をしてきました。そうした多様な体験や出会いに、あらためて「ＣＳＲとはなんなのだろう」という本質的な問いへの興味を掻き立てられ、ものぐさで面倒くさがりのわたしが、ＣＳＲについてさまざまに考えをめぐらし、わたしなりの答を探すことになりました。

そして、２０１３年の役職定年を機会に、これまでの体験や出会い、考えたことや行ってきたことから得てきた学びを、記録に残しておく必要があるのではないかと考えました。これまでの体験をメモにまとめてみたところ、立教大学の中西昭一先生から「面白いね。本にしてはどう」とのサゼッションをいただきました。そして周りの皆さんの「若い人たちにも読ませたい」の声に力を得て、本書が生まれました。

次代を担う、社会人の皆さん、学生の皆さんの参考になれば幸いです。

＊「エコ×エネ」は「×」を読まずに「えこえね」と読みます。

contents

第一部　エコ×エネ体験記　ＣＳＲとの出会い　13
1 奥只見プロジェクト　15
思いもよらぬＣＳＲとの出会い　15
電源開発株式会社の民営化とわたし　18
エコ×エネ体験プロジェクト　23
下見ツアーでの出会い　25
準備チームの革新性とチャレンジ精神　27
個性的なスタッフたち　33
2 エコ×エネ体験ツアー　37
小学生親子の本番ツアー　37
集合、受付　38
アイスブレーク　39

森のプログラム　41
発電所のプログラム　43
まとめのワークショップ　47
大学生ツアーと初年度の振り返り　52

3
体験型環境教育とは　57
社会を変える3つの方法と環境教育　57
体験型環境教育の魅力　58
振り返りの大切さ　60
つながりを教える環境教育　62

4
エコ×エネ・カフェ　64
エコ×エネ・カフェの誕生　64
多様なゲストと多様なテーマ　66

5
エコ×エネ火力編　71
エコ×エネ火力編の誕生を目指して　71
自然体験に代わるもの　74
失敗続きの生焚き実験　76

サイエンス・カクテルとの出会い 78
エネルギー大臣カードゲーム 81
プログラムの改善、そしていざ本番 85

6 エコ×エネから学んだこと 89
エコ×エネからの学び 89
目的を共有する大切さ 90
協働の意義と効用 91
継続する大切さ 93
大人に求められるethical（倫理的）であること 95

7 エコ×エネの課題と展望 99
エコ×エネ体験プロジェクトの現状 99
現在の課題 100
今後の展望 103

エコ×エネ体験プロジェクト水力編紙上ツアー 105

第二部　ＣＳＲの現状と課題

1 会社の社会性——企業にとってのＣＳＲとは 113
新入社員研修でのＣＳＲ談義 115
ＡＢＣ＋ＤＥ 115
子どもたちに青空を 120
ＣＳＲは本業とは別の活動ととらえることの危険 122
Ｊ－ＰＯＷＥＲにおけるＣＳＲ体制整備 125
まだら模様の社内理解 127
課題の整理と「基本的考え方」の原案作成 129
2 社内の理解促進と普及活動 133
「社会貢献活動の考え方」の普及活動 137
専任組織化をめぐる顛末 137
3 ＣＳＲと本業の壁 143
ＣＳＲ私見 149
利益の認識とＣＳＲ活動 149
本業における多忙感 151

善意だけでは現実に対応できない!? 156
組織人としての行動様式にまつわる違和感 158
「手応えは、実感するしかない」という現実 159
CSRには評価尺度がない!? 160
4 企業と組織、そして人 162
「本業の壁」はどの社にもある!? 162
J-POWERの社会貢献活動のこれから 163
5 CSRに関する最新の動向 167
ISO26000の制定と発効 167
CSV(Creating Shared Value)の提案 172
企業によるESD宣言 174
第三部 わたしの考えるCSRビジョン 179
1 CSRは本業の中にこそ存在する 181
CSRにも「らしさ」が重要 181
社会貢献活動の評価の物差し 185

社会貢献活動の4つのキーワード 186
エコ×エネ体験プロジェクトの評価指針 189
2 遠心力と求心力を高めるための取り組み 193
協働の覚書——対等な切磋琢磨を作り出す風土づくり 193
チャレンジと2：6：2の法則 195
3 東日本大震災 199
2011年3月11日の衝撃 199
緊急集会とモニタリング 202
2011年の奥只見ツアー 207
4 被災地支援活動 209
コンポストを利用した支援活動 209
支援活動の設計と枠組み作り 211
支援活動の広がり 214
コンポストのフォロー活動 218
活動の転機と技術移転 220
5 CSR、協働、新たな社会づくり 225

企業とＮＰＯの協働 225
新しい時代のＣＳＲを！ 229
あとがきにかえて 233

第一部

Corporate Social Responsibility

エコ×エネ体験記
CSRとの出会い

1　奥只見プロジェクト

思いもよらぬＣＳＲとの出会い

「後進に道を譲ってほしい。新たに社会貢献活動をスタートすることになるので、君にはこれを担当してほしい」

当時の上司からこう告げられたことが、わたしと体験型環境教育活動の出会いを生み出し、ひいてはＣＳＲというものに深く関わることになるきっかけとなりました。

２００７年７月１日、Ｊ-ＰＯＷＥＲ広報室長から秘書広報部長代理に転じたわたしのもとには、経営企画部で新たな社会貢献活動の立ち上げに尽力してきた二人の後輩が配属されました。好川治さんは、社の人材公募制度に応募し、社会貢献活動担当に起用された硬骨漢。阿部達也さんは、Ｊ-ＰＯＷＥＲのＣＳＲのあり方を幅広く考えてきた熱意の人でした。

彼らが準備してきた新たな社会貢献活動（当時は「奥只見プロジェクト」と称していましたが、後に「エコ×エネ体験プロジェクト」に改称）は、実際の水力発電所とその周囲の自然の森を舞台にしたものでした。ダムや発電所を見て電気を生産する現場を知ると同時に、森遊びを楽しんで自然を好きになる。その中で、わたしたちが心豊かに暮らすために欠かせないエネルギーと豊かな自然環境のつながりを理解し、その両方をともに大切にする心を育もうとする体験学習ツアーでした。

リハーサルを兼ねた社員・家族向けのツアーは、わたしの着任前の6月にすでに実施されていて、8月上旬の一般の方をお迎えする本番ツアーを間近にしていました。そんな大事な時期に、わたしはチームのキャプテンを務めることになり、プロジェクトの概要把握と、8月に予定されている2回のツアーを無事運営することが、当面のわたしのミッションになったのでした。

さっそく、翌7月2日から、阿部さんが講師となり、わたしへのレクチャーがはじまりました。なんとしても1ヵ月以内に、素人のわたしを体験型環境教育活動の専門家らしく見えるようにせねばという、阿部さんの思いが伝わってくる講義でした。

このとき学んだことを振り返ってみると――。

まず、これからスタートするＪ‐ＰＯＷＥＲの社会貢献活動は、２００４年10月に、会社が完全民営化を遂げたことを受けて、「Ｊ‐ＰＯＷＥＲらしい社会貢献活動のあり方、あるべき姿を具体的に検討せよ」とのトップからの指示が契機になっていること。

これを受けて、福祉や緑への貢献（植樹など）といったものを含めた幅広い分野について、「他社は、どんなことに取り組んでいるのか」「Ｊ‐ＰＯＷＥＲは、現状では何を実施しているのか」「社会が求めているものはどのようなものか」、また「Ｊ‐ＰＯＷＥＲが新しく取り組む場合には何ができるのか」を検討し、次いで、それらは「Ｊ‐ＰＯＷＥＲらしい取り組みといえるか」といったフィルターをかけて、最終的に取り組み内容を絞り込んだものであること。

ツアーの骨組みは、世の中のＣＳＲの最新動向を踏まえて、企業とＮＰＯとの協働で実施することとして、財団法人キープ協会（現在は公益財団法人。以下では、キープ協会と表記）と一緒に運営する計画であること。

——以上の点でした。

阿部さんがとくにわたしに伝えたかったのは、キープ協会についてでした。格式や法人格を重んじる社内の伝統的な見方や契約上の甲乙関係にとらわれることなく、キープ協会というパートナーをよく見てほしい、話してほしい、わたし自身の目でその素晴らしさを発見してほしい、ということでした。

電気の安定供給を使命とする電力会社には、どうしても秩序的で保守的な、新しいものは気になっていても、その実績や実力がわかるまで手を出さない、実績ある前例を踏襲する慎重な姿勢、強い安全志向があります。ですから、本業でお付き合いするメーカー、商社などは、みな名の通った企業ばかりです。そんな中で、阿部さんが強調したかったことは、キープ協会の五感を使った体験型環境教育を受け、わたしが自分自身の目で、その素晴らしさ、そしてキープ協会の実力や取り組み姿勢を確かめてほしいということでした。それは、とても大切で貴重、かつ的確なメッセージでした。

電源開発株式会社の民営化とわたし

少し、寄り道します。

1997年5月から2003年7月までの6年余、わたしは当時の電源開発株式会社の民営化準備の一環として、CI活動（Corporate Identity 活動／我が社らしさを確立する活動）を中心に、社内の意識改革に取り組んでいました。

電源開発㈱は、戦後復興に必要とされた電力供給を増加することを目的に、1952年に設立された国策会社でした。設立当時から株式会社の形態をとっていましたが、設立当初の資本金601億円のうち600億円が政府の出資という特殊会社で、前年の1951年に発足した民間の9電力会社体制を支え、当時はまだ電力会社が取り組めないでいた大規模かつ困難な水力電源の開発を遂行することが会社の使命とされていました。

その後、幾多の変遷を経て、沖縄電力株式会社を含めた「10電力会社＋1」といった体制のもとで、自社の水力発電所、石炭火力発電所などで発電する電気を電力会社に卸売りする国内最大の卸電気事業者として、日本で使われる電力の約6％を供給し、電力安定供給の一翼を担ってきていました。

しかし、社会の成熟と低経済成長、少子高齢化の中で、電力需要は次第にサチュレート（飽和）していくものと見通され、設立当初のようなチャレンジングな事業機会は少なくなってきていました。また、行財政改革と規制緩和の大きな流れの中で、「政府の一定の支持を得て民営化するには、この機会しかない」との経営の決断のもと、自ら完全民営化の道を選択し、1997年6月に「5年程度の準備期間を置いた後に完全民営化する」旨、閣議決定されました。

民営化の閣議決定の時期は、ちょうど、日本の電気事業にIPP（Independent Power Producer：独立電力供給者）制度が導入され、電力の自由化が進展しつつある時期と重なっていました。そのため、社内からは、「自由化と民営化のダブルパンチ」といった声も聞こえていました。

CI活動は、このような流動的な社内外の状況の中で、民営化に際して経営が定めた当社の企業理念を社内浸透する目的でスタートしました。現実には、会社を取り巻く事業環境を咀嚼《そしゃく》し、「国策会社から民間企業に変わる」ということの意味（大きなパラダイムシフト）を、社員が「どうなるんだろう」と傍観するのではなく、「どうする／どうしたい」という主体的な気持ちでとらえ直して、具体的なアクションと活力を作り出そうとする活動でした。

当時、わたしが考えていたことは、民営化の問題には、社員がそれぞれに向き合う必要があり、同じ向き合うなら、誰かに説得されて「しぶしぶ、そうか」と考えるより、自ら議論し、話を聞いたりしながら、「なるほど、そうか」と納得し、「社員が、自分の持ち場で何ができるかを、一人一人が考えてみるようになってもらえたら最高ではないか。そうしたい」と思っていました。わたしは、その活動の企画立案から最終段階のロゴ策定に至るまでの業務を担っていました。

ＣＩ活動は、これまで仕事をしながら自然に身に付けてきたものを、社員一人一人があらためて振り返ることでもありました。活動の初期段階では、「入社したらやってみたいと思っていたこと」「わたしの入社動機」「会社のよいところ、悪いところ」「何を変えたいか、変えたくないか」「会社の強みは何か、市場の脅威は何か」といったさまざまな話題を80個ほど用意して、全社で職種横断的に少人数グループを作ってもらい、お互いにワイワイガヤガヤ話し合い、聞きあう活動（ＹＧ活動と呼んでいました）を展開しました。

次いで、話し合うだけでなく、自分たちがやりたい活動を実際に行い、その概要を発表する「行動のステージ」を経て、最終的に「我々らしさ／当社らしさ」を表現する当社のコミュニケーションネーム「Ｊ‐ＰＯＷＥＲ」とそのデザイン・ロゴを全社で決定し、4年余におよぶ活動にひと区切りをつけました。

そんなことを経験していたので、阿部さんの講義を聴いているうちに、わたしは、なんとはなしに、「お前が、この活動をＪ‐ＰＯＷＥＲらしい活動に育て上げろ」と言われているような感じがしていて、このプロジェクトとの出会いにも、どこかで大きな意思が働いているような気がしていました。

Ｊ‐ＰＯＷＥＲは2004年10月6日、東証一部に株式を上場し、完全民営化を達成していましたが、2007年当時は、「株式会社は株主利益の最大化に努めるべき」といった金融資本主義の勢いが盛んで、長期的な展望のもと、発電所を建設し、電力の安定供給を通じて長期的に投資を回収するといったＪ‐ＰＯＷＥＲの事業モデルは、「もの言う株主」と呼ばれる海外の投資家にはなかなか理解してもらえず、その対応に苦慮している時期でもありました。

かつて、大規模かつ困難な水力発電所の建設にチャレンジし、全国に国内有数の大ダムを開発し、発電所を作ってきた土木・電気技術。限りある石炭資源の効率活用と環境保全の両立を目的にクリーン・コール・テクノロジー（Clean Coal Technology）［*］を磨き、大気汚染をはじめとする環境保全と低廉で安定的な電力供給を同時に実現してきた石炭燃焼技術。そのＪ‐ＰＯＷＥＲのダイナミズムやＤＮＡは、確かに国策会社という仕組みに支えられ、リスクを取ってやってこられたものとも言えますが、それ以上に先輩社員たちの「俺がやらずに誰がやる」といった責任感とチャレンジ・スピリット、たゆまぬ技術研鑽の積み重ねによって育まれてきたものでもありました。

民間企業Ｊ‐ＰＯＷＥＲとして、会社のＤＮＡや新たなレゾンデートル（存在意義）、今後の成長戦略を資本市場においてどのように投資家の方々とコミュニケートし、支持を得ていくか、大きな節目に直面している時期でしたので、広報室長の職責を譲って、新しい業務に転じることにはたいへん残念な気持ちを抱きつつ、社会貢献の仕事に転じたのでした。

＊石炭は、そのまま燃やすと、硫黄酸化物、煤煙、窒素酸化物、大量の灰などを発生し、環境に負荷をかけます。クリーン・コール・テクノロジー（ＣＣＴ）は、これらの大気汚染の原因物質を、電気集塵機、脱硝装置、乾式脱硫装置などを設置することによって効率的に取り除くとともに、発電のために発生させる蒸気の温度と圧力を高めて、高効率の発電効率を実現する石炭火力発電技術の総称です。

これらの技術は、限りある石炭資源の有効利用と、大気汚染をはじめとする環境対策効果だけでなく、効率を2割改善したことにより、同じ量の電力を生産する場合には、排出するCO2も2割程度削減しています。このため、中国、インド、アメリカのすべての石炭火力にこの技術を適用すると、日本が年間に排出するCO2排出量以上の削減が可能との試算があります。さらに温度条件を高める700℃超級プラントの開発、石炭のガス化、CO2の回収・貯留処理など、新しい利用技術の開発が、着実に進められています。

エコ×エネ体験プロジェクト

さて、「奥只見プロジェクト」改め「エコ×エネ体験プロジェクト」に話を戻しましょう。民営化した当社の新しい社会貢献活動のシンボルになるようにと、小さく産み落とされたこのプロジェクトの内容とポテンシャルを探ることが、わたしにとってまずやらなければいけないことでした。

世間では当時、CSR（Corporate Social Responsibility：企業の社会的責任）にあらためて注目が集まっていました。失われた10年、15年といわれる不況の中で、国の財政も困窮していましたし、少子高齢化と従来から続いていた過疎の進展が市町村行政を直撃していましたから、一定の内実と経済力を持つ企業セクターに、よりよい社会づくりの期待が寄せられたのは無理からぬことかもしれません。

阿部さんによれば、これまで検討してきたＪ‐ＰＯＷＥＲの新しい社会貢献活動は、ＣＳＲの基本的なセオリーを踏まえ、経済・社会・環境の３つの重要な観点（スリーボトムライン）からＪ‐ＰＯＷＥＲの事業をとらえ直し、「電力と環境のつながりがわかる体験型学習プログラム」となるように進めてきた基本設計が特色だということでした。また、企業とＮＰＯという、立場の違う団体が互いの得意なところを活かし、本当の意味で協力し合って取り組む枠組みを作ったことも特徴の一つとのことでした。

当時は、いまだＮＰＯやＮＧＯに対する社会の評価は定まっていなかったように思います。わたし自身も、ＮＰＯ／ＮＧＯは地球環境問題や環境保全を重視するあまり、企業の製品・サービスにクレームをつけ、不買運動のような活動をしかねない団体との印象もあり、あまり好意的なイメージは持っていませんでした。

キープ協会についても、会社が選んだパートナーだから相応に信頼できるだろうと思いつつ、「環境教育を生業にしている人たちって、どういう人たちなんだろうか。環境配慮や健康に過敏な人たちだったら、天邪鬼で喫煙者のわたしにとっては窮屈なお付き合いになるのではないだろうか」などと、余計な心配をしていました。

それでも、まずは先入観や色眼鏡で見る失礼がないように、阿部さんたちが熱心に準備してきたことを無駄にしないためにも、自分の目で確かめてみようと自らに言い聞かせ、7月中旬の下見ツアーに出かけたのでした。

下見ツアーでの出会い

2007年7月19日、J-POWERの阿部さん（あべちゃん／以下、カッコ内はキャンプネーム［*］）、好川さん（よしかわ）、藤木（キャップ）と、グループ会社の㈱ジェイペック（以下、JPecと表記します）の高倉弘二さん（ドクター）、高木伸季さん（ブー）、奥只見観光株式会社の田澤歩さん（たざわ）のJ-POWERグループのスタッフと、キープ協会の増田直広さん（ますやん）、山本真知子さん（まっち）の8人で、ツアーの下見に出かけました。

＊キャンプネームは、参加する方に親しみを感じていただけるよう、各自がつけている愛称、呼称です。いつもスタッフ同士でもキャンプネームで呼び合って、明るく楽しい雰囲気を作り出しています。

わたしにとっては15年ぶりに訪れる奥只見ダム・発電所。ここは、1961年に、新潟県と福島県の県境を流れる只見川を堰き止めて造った日本最大の一般水力発電所で、銀山湖と呼ばれるダム湖の総貯水量は6億トンを超え（日本で第二位）、発電出力は56万ｋＷ（一般水力として日本最大）に及びます。築造から半世紀を経て、ダムは周囲の緑豊かな森林と調和し、幻の大イワナが棲むといわれる銀山湖の湖面には釣り人を乗せたボートが何艘も浮かんでいました。

真保裕一さんの小説「ホワイトアウト」の舞台にもなった身近な秘境の奥只見には、毎年紅葉の時期に30万人を超す観光客が訪れ、大いににぎわいます。近年は、遊覧船で尾瀬口まで移動できるようになり、尾瀬への裏ルートとしても注目されているようです。小説の中ではトンネルが爆破されて交通が遮断されてしまうシルバーラインは、もともとはダム建設のために掘削された長いトンネルが続く工事専用道路でした。現在は新潟県が管理していますが、ところどころに見えるむき出しの岩肌が、当時の工事の様子を連想させて、とても印象的です。

下見では、奥只見ダム、地下発電所、森のプログラムを実施する丸山スキー場のブナ林を見て回り、野外活動に伴うリスクを一つずつ点検していきます。アブやハチ、野生動物の痕跡、ウルシなどの注意を要する植物の有無、移動に使うスキー場の管理道路の路面の荒れ具合、ダムの監査用通路の濡れや滑りやすさ、急な階段の有無、手すりや防護柵の緩みの有無、非常時の連絡手段や万一の場合のダムからの避難ルートの確認などなど、点検項目は多岐にわたります。

下見を通じて、キープ協会の増田さん、山本さんの手際のよさ、しっかりした準備の様子には感心しました。クマ鈴、虫よけスプレー（液）、救急セットだけでなく、参加者の皆さんに見せて注意を促すためにスズメバチの焼酎漬けも持参し、ハチと遭遇した時の注意事項をわかりやすくまとめた紙も用意していました。急な降雨の際に実施する代替プログラムのための備品、雨具の予備などもありました。

「電気については素人なので」と言いながら、積極的にダムや発電所、送電線のこと、電気の性質、安定供給の意味合いなど、実物を見学しながら熱心に質問し、勉強を楽しんでさえいる皆さんの様子はとても好ましく思えました。

わたしがＮＰＯ／ＮＧＯに対して抱いていた先入観を改めさせてくれる、よい出会いとなりました。

準備チームの革新性とチャレンジ精神

わたしを除く7人の準備チームの間では、これまでの1年を超す準備期間の中で培った

「へこたれずに、なんとかする」スピリットが共有されていました。

通常、J-POWERでは、何か新しいことをはじめる場合には必ず経緯や背景、意義、期待効果、リスクに対する対応策など、さまざまな説明が求められます。また、諸々の懸念や効果に対する疑問についても相応の回答や対応策が求められ、場合によってはその根拠となる資料の提出も求められます。

エコ×エネ体験プロジェクトでは、キープ協会の五感を使った自然案内に刺激を受けて、「実際に稼働している設備を体験型で案内する」という、これまでにないまったく新しい設備見学にチャレンジすることにしていました。実際、機械や設備に触って音を聞くなどのプログラムで構成されていたので、設備を保守運営する現場の電力所からは安全管理について懸念が表明されていたようでした。

実際の発電所では、見学者や作業者用に安全通路が確保されていますが、機器類はとくに保護されているわけではなく、安全通路の近くにも油圧ポンプの操作盤などが配置されています。そうした機器があるからこその迫力、説得力なのですが、安定供給を担う現場にとっては安全が第一で、わずかでもトラブルになりそうな要因は避けたいと考えるのは当然のことです。

普段の設備見学や案内の場合には、設備トラブルに結びつきそうな場所に立ち入ることはほとんどありません。たとえば、水車発電機の回転軸（メタル・シャフト）を見てもらう場合は、見学者が筆記用具を落とすと回転軸の周りにあるガイド弁の駆動機構にはさまるというリスクが予測されます。したがって、トラブル防止のために、外観は見てもらっても、内部の様子は図面や写真などでお伝えし、ちょっとのぞき込む程度にするのが一般的です。

ところが、今回計画されているプログラムは、現場との難しい調整を経て、「予測される危険をどのように回避してプログラムを実施するのか」という発想で、現場を体験的に案内できるよう、一つずつ手順やルールを決めて準備されていました。

阿部さんたちが用意してくれた案内プログラムでは、さまざまな新機軸が打ち出されていました。たとえば、暗いダムの点検用通路（監査廊と呼びます）の中を、点検員になった気分でダムの漏水に触ってその冷たさを感じる。発電機の外部カバーに耳や頬を当てて、中で回転している発電機の音や振動を聞く。水車発電機の回転軸を見てもらう（2003年に増設した4号機には、水車と発電機をつなぐ太いメタル・シャフトをのぞく窓がついていて、ストロボを発光させ、シャフトの回転数を確かめられる装置がついていました）。キープ協会の体験型の自然案内に触発されて、体験型で発電所を案内してみようと企画した、まったく新しいプログラムでした。

百聞は一見にしかず。直径約1メートルのメタル・シャフトが高速で回転している水車発電機が持つ迫力は、何物にも代えがたい説得力を持っています。搬入口の広場から仰ぎ見ると、奥只見ダムの高さと大きさがあらためて実感できました。また、発電機カバーに耳を当てて電気が生まれる音や振動を体感してもらうのですが、その時に「これが、電気が生まれるときの産声《うぶごえ》だよ」と解説してもらうことで、子どもたちにとっては忘れられない思い出になることでしょう。

正直なところ、これまでの設備案内では、発電の原理や水力発電の仕組み、ダムの大きさや発電機の出力など、頭で理解してもらうような案内が標準プログラムになっていて、五感を使って体感してもらう、理解してもらうという発想は皆無でした。ですから、今回のような体験型の案内は目からうろこが落ちる気分で、わたし自身、「これが、異なる専門性を持つ人たちとの協働が醸し出すメリットということか。これが、付加価値なんだなあ」と、驚かされ、すっかり感心してしまいました。

下見の時、ダムのプログラムで課題が一つ持ち上がりました。本番ではダムの天端（てんば：頂上の通路）から下流側をのぞき込み、ダムの高さやそこで発生している上昇気流を感じてもらおうという体験が計画されていました。ところが、天端には安全のために高さ1メートルほどのコンクリート製の防護壁が設けられていて、背の低い小学生はうまくのぞき込めないことがわかりました。このため、ビールケースを踏み台がわりに用意することにしましたが、足元が高くなる分、こんどは転落の可能性が大きくなります。そこで、ケースの両側に2人のスタッフが立ち、小学生にはひとりずつ順番にケースの上に立ってのぞき込んでもらう。その間、2人のスタッフは子どもの体に手をかけ、転落を防止するというルールを定めて実施することにしました。

何事も慎重に安全第一に考えて実施することが大切です。でも、それが行き過ぎて、「前例がない」「何か生じた場合に責任を負えない」といった、できない理由を探して新しい挑戦を避けることは、あまり好ましいことではありません。危険をきちんと認識して、十分な対策を講じて試してみる。さらに、その結果を吟味し、あらためて手順や役割分担を再確認して実施に移すという準備チームの姿勢は、わたしにはとても好ましく思えました。

1泊2日の短い下見でしたが、プログラムを実施する現場を確認し、すべてのスタッフとフランクに意見交換する機会を得たことは、わたしにとってはたいへんありがたいことでした。現場の様子と実施するプログラムの概要がつかめましたし、運営スタッフの一人一人がどのような思いでこのプロジェクトに関わっているのかが、おおよそ見えてきました。

頭の中にあった、「当社らしさ」と「プロジェクトのポテンシャル」についても、強烈なインパクトと同時に、大きな手応えを感じていました。

実際に、自然の森と水力発電のつながりについて、森の土壌の保水力実験を通じて解き明かす高倉さんの実験教室や、一日の思い出を山本さんがキルティングで手作りしてくれた「奥只見の風景」に貼り付けて発表する「ブナへの手紙」の、まとめのワークショップの時間は、エコとエネのつながりをわかりやすく、そして実感を持って復習させてくれるにちがいないと確信させてくれました。

奥只見のダム・発電所を案内しながら、お伝えしたいこと、紹介したいことは、次から次に出てきます。

たとえば、当時、なぜ、6メートルもの雪が降り積もる豪雪の奥只見に巨大ダムを建設しなければならなかったのか。そのために工事にたずさわった人たちはどんな苦労を味わい、どんな努力をしたのか。奥只見ダムは日本の発展にどんな貢献ができたのか。そして10年前の奥只見4号機増設工事の際に採られた、希少猛禽類保護のための施策や、その後も引き続き実施しているモニタリング調査のこと。増設工事に対して、地元から出された「ワカサギが水と一緒に取水口から飲み込まれ、釣りのメッカになっている奥只見の観光が打撃を受けるのではないか」とのご心配を受け、ワカサギ保護のために実施されたワカサギの生態調査や、取水の際に極力ワカサギを飲み込まないようにするために施されたさまざまな工夫のこと。さらには、土捨て場予定地になった「はっさき池」に棲む貴重な植物やトンボの生息環境保全のために講じた奥只見パークの設置工事のこと。

奥只見4号機の増設工事でさまざまに講じられた環境保全対策のいくつかを紹介することによって、この半世紀の間に大きく変わってきた「エネルギーと環境の共生」を巡る考え方の変遷について、実際に建設された実物や資料、写真を見てもらいながら、いろいろ案内したり、意見交換できそうなことがたくさんありました。

J-POWERとキープ協会の協働活動は、参加していただく方へのさまざまな配慮や気づかいにあふれたものでしたから、「きっとこのホスピタリティがツアーを成功に導き、よりよいものに発展していく原動力になるに違いない。参加してくれた方は、きっとJ-POWERとキープ協会のファンになってくれるはず」と感じました。

わたしが体験型環境教育の世界にのめり込んでいく原点となったのは、実に、この下見でキープ協会の増田さん、山本さん、グループ社員の高倉さん、高木さん、田澤さんと出会ったことだったのです。

個性的なスタッフたち

あらためて、この下見で出会ったエコ×エネ体験プロジェクトチームのメンバーを紹介しておきます。

増田さんは、大学・大学院で環境教育を学んだ後、キープ協会の環境教育事業部で実践活動をスタート、10年を超える豊かな経験を持つレンジャー（自然や森の案内人）でした。今回のプロジェクトでは自然だけではなく、その自然とエネルギーのつながりを、参加していただく皆さんにどのようにして楽しみながら学んでいただくか、真摯に考えていました。自然環境の保全の大切さと同時に、人々の暮らしを支えるエネルギーを安定的に作り出す重要性をどのように伝えたらよいのか。これまでキープ協会で行ってきた環境教育とは違った切り口から、電力やエネルギーという題材を使う、新しい環境教育プログラムを作り出さなくてはなりません。このプロジェクトを増田さんは挑戦の機会ととらえ、意欲を持って取り組んでいました。

高倉さんは、家庭から出る生ゴミを安価に、素早く、手軽に分解発酵してたい肥に変えてしまう「高倉式コンポスト技術」の開発者でした。北九州市と共同で実施したインドネシア国スラバヤ市の生ゴミ処理への貢献活動を評価され、２００６年に地球温暖化防止活動環境大臣表彰を国際貢献部門で受賞した、社会貢献活動の強者《つわもの》でもありました。このプロジェクトでは、保水力豊かな森の土壌が水の安定的な供給を支えていることを、実験を通じて理解してもらう「まとめのワークショップ」の実験主任をしてくれていました。高倉さんの粘り強いチャレンジ精神は、準備チームに確実に浸透しているようでした。

鳥類の専門家の高木さんと高倉さんとの「タカタカ・コンビ」による実験の楽しさは、高倉さんの突っ込みを受け流す高木さんの天性の間合いと、細かなことに執着しないボケっぷりに支えられていました。

大学院で環境教育を学び、キープ協会のレンジャーになった山本さんは紅一点のスタッフ。「伝説の奥只見クイズ」や、まとめのワークショップで参加者の皆さんの感想やコメントを貼り付ける「奥只見の風景」のキルティングを、夜なべして作ってくれました。

自然の中で仕事がしたくて奥只見観光㈱に就職した田澤さんは、ソフトな人あたりで、細かなところまで気配りできる人です。初期のころは、奥只見パークの朝の散歩の時間に、聴診器でブナが水を吸い上げる音を聞く体験のリーダーを担当してくれていました。

こうした運営スタッフとの出会いを通じて、先に書いたNPOに対する不安は杞憂だったことが、はっきりとわかってきました。

スタッフの皆さんとは、年齢や性別、職位や所属団体の違い、受発注の甲乙関係といったことに関係なく、自然によい関係がつくれそうな手ごたえを感じました。同時に、こうした皆さんの協力があれば、新たに産み落とされたエコ×エネ体験プロジェクトが、J-POWERの社会貢献活動のシンボル・プロジェクトになるに違いないという確信が生まれてきました。実際、この協働プロジェクトのポテンシャルの高さに驚いたことを、昨日のことのように思い出します。

さて、この下見ツアーを通じて、わたし自身にも体験型環境教育についての強い関心がわいてきました。増田さんが取り組みはじめたエネルギーや電力の勉強についても、電力の安定供給のためにJ-POWERが取り組んできた事例の紹介など、わたしがサポートできそうなこともたくさんありそうでした。結果的にこのプロジェクトに関わる楽しみが発見できた、とても印象深い下見ツアーになったのでした。

2　エコ×エネ体験ツアー

小学生親子の本番ツアー

2007年8月7日、いよいよ記念すべきエコ×エネ体験プロジェクトの第1回奥只見小学生親子ツアーがはじまりました。当時は、8時20分に上越線浦佐駅に集合し、17時頃に同駅で解散する日帰りツアーでした。

当日のスケジュールを追うと、集合後、バスで約1時間かけて奥只見観光㈱の「緑の学園」に。小休憩の後、丸山スキー場のブナ林へ移動して、森に親しむプログラムを楽しみ、森の中でお弁当。緑の学園に戻ってトイレ休憩をしたら、マイクロバス2台に分乗して奥只見ダムに移動。そのままダムと地下発電所を見学し、その後、緑の学園でまとめのワークショップをして、17時過ぎにはバスで浦佐駅までお送りするという、いろいろな体験プログラムを詰め込んだ、よく言えば「濃密」、実際には「せわしない」ツアースケジュールになっていました。

わたし自身が初めて体験して驚き、感動したプログラムについて、詳細に紹介していきましょう。

集合、受付

スタッフは本番ツアーの前日、ダム・発電所、丸山スキー場のブナ林を下見して、準備を整え、手順を確認し、緑の学園に宿泊しました。我々スタッフチームは、7時30分に浦佐駅に移動。皆さんのお出迎えの準備です。はじめてのツアーに、J-POWERグループチームの面々は少し緊張気味です。それでも、「事故なく楽しんでもらうことを第一に、笑顔でお出迎えしよう」と朝のミーティングで確認し、それぞれ配置につきました。

高倉さんと山本さんには、目印のJ-POWER旗を掲げて、浦佐駅2階の新幹線口でのお出迎えをお願いしました。駅西口の1階で、好川さん、阿部さん、高木さんが受付の準備を進めているうちに、「ごめんなさい。子どもが体調を崩して、参加できなくなりました」との電話連絡も入ってきます。

受付を開始してすぐ、ロータリーに止まった車から小学生連れの親子4人が降りて来ました。すかさずスタッフが声をかけます。

「おはようございます。エコ×エネの参加者の方ですか?」

「そうです。今日は、わたしとお姉ちゃんとで参加します。お父さんと下の息子は、まだ2年生なので、お留守番です。駐車場は近くにありますか?」とお母さん。

下の男の子は一緒に参加できなくて少し悲しそうです。

「ごめんね。4年生になったら参加してね。今日は、お留守番をお願いします。これは、お留守番のご褒美です」

スタッフが、当時、ダムの監査廊のプログラムで使っていた、超小型LED式懐中電灯兼非常時用ホイッスルをプレゼントしました。今もそうですが、プログラムの内容と子どもたちの体力、理解力を考えて、参加資格は4~6年生と保護者のペアとしているのです。

アイスブレーク

参加者の皆さんが揃い、大型バスで奥只見に向かいます。国道17号線を魚野川沿いに下って行きますが、晴れた日には右手遠くに八海山が見えます。国道沿いの両側の田んぼには、丹精込めて育てられている魚沼産コシヒカリの稲穂が風に揺れています。八色大橋を渡るところでは、魚野川でアユ釣りをしている人が見えました。車中では、増田さんが、車窓からの景色を紹介しつつ、ジャンケンのグー・チョキ・パーを使って今の気分や奥只見に行った経験の有無などを質問して皆さんの緊張をほぐしていきます。バスが旧湯之谷村の集落を通り、遠くに見えていた山がすぐ近くに迫って来る頃には、車中にはたくさんの笑顔が広がっていました。

トンネルが続くシルバーラインに入る頃には、山本さんの「伝説の奥只見クイズ」がはじまります。「シルバーラインのトンネルの数はいくつ？」「奥只見のダムに貯まっている水を世界の人々に配るとしたら、５００㎖のペットボトルを一人に何本配れるでしょうか？」「奥只見にたくさん生えている木の名前は何でしょうか？」「奥只見で作られている電気で何万人が暮らす町の電気をまかなうことができるでしょうか？」など、ツアーと奥只見の予習を兼ねた楽しいクイズが続きます。

そうこうしているうちに、シルバーラインの出口が見えてきます。浦佐駅から約1時間、身近な秘境奥只見には、深い森と大きなダムが作り出した巨大な人造湖「銀山湖」が6億トンを超す水を湛えて静かに広がっています。建設から半世紀を経て、コンクリート製のダムは少し黒ずんでいますが、満々たる水をしっかりと湛え、周囲の森と一体になって見事な景観を作り出しています。

シルバーラインを抜けて、まずは奥只見観光㈱が運営する緑の学園へ。トイレ休憩と手足を伸ばして一息ついたら、準備体操をして丸山スキー場のブナ林に出かけます。

時間の都合と朝早くから活動している子どもたちの体力を考えて、送電鉄塔がある途中の広場までは、奥只見観光㈱のマイクロバスに分乗していきます。その後、スキー場の坂道をしりとりや草笛を楽しみながら登り、ブナの森の入り口に到着。

森のプログラム

奥只見は、冬には6メートルを超す雪が積もります。ブナの森がある丸山スキー場は、ゴールデン・ウィークを過ぎるまで春スキーが楽しめるスキーのメッカでもあります。雪解けが進む5月中旬、森の木々たちは新緑を広げていきます。わたしたちが訪れた8月には、強い夏の日差しの中で、濃くなった緑の葉を気持ちよさそうに風にそよがせて、わたしたちを待っていてくれました。

増田さんが、ウルシなどの気をつけないといけない植物を実際の木を使って紹介してくれた後、ブナ林の入り口でこんな指示を出しました。

「みんな、絶対にほかの人に見られないようにして、種類の違う葉っぱを3枚取って来てください。生きている葉っぱでも落ち葉でもいいです。生きている葉っぱを取る時には、『いただきます』の気持ちで取ってください」

いよいよ森のプログラムのはじまりです。まずは、葉っぱを使うジャンケンの「葉っぱっぱ」から。「葉っぱっぱ」は、一番大きな葉っぱ、ふちにギザギザが多い葉っぱ、匂いがする葉っぱ、空にかざして葉脈がきれいな葉っぱなど、出されるお題にふさわしい葉っぱを手持ちのものから出した人の勝ちという、葉っぱを使ったジャンケンです。「葉っぱっぱ」と掛け声をかけながら、みんな楽しそうに葉っぱを見くらべて、笑顔で遊んでいます。

葉っぱっぱの後、山本さんがいくつかの袋を取り出しました。

「さあ、みんな。袋の中をのぞかないで、手だけ入れて、中に入っているものを確かめてください。……みんな確かめたら、中に入っていたものと同じだと思うものを、森の周囲から探して来てください。ウルシに気をつけてね」

こんどは「同じもの探し」です。

それが終わると、いよいよ森に分け入る「目隠しイモムシ」です。「目隠しイモムシ」では、7～8人が前の人の肩に手を置いて隊列をつくり、目をつぶったまま、風向きや太陽の方向、葉が揺れる音や虫の声、ふかふかした足元の感覚を確かめながら、森の中へと入っていきます。やがて森の奥深くで目を開けて梢を見上げた瞬間には、異口同音に驚きの声が漏れました。木洩れ日の中でキラキラ光る葉は本当にきれいです。

この森のプログラムでは、自然の森を楽しむために五感で「感じ取ること」を大切にします。視覚だけでなく、手触りや匂いといった五感を総動員して森遊びを楽しむ子どもたちは笑顔でいっぱいです。つられるように、保護者の皆さんもスタッフたちも笑顔で会話が弾みます。

「ブナとの時間」では、豪雪で曲がって育ったブナの根元に親子でもたれかかり、静かに時を過ごします。ブナの根元で親子でゆっくり過ごす時間は、非日常のとても贅沢で幸せなひと時になったようでした。

体験型環境教育に長年取り組んできたキープ協会がリードする森のプログラムは、遊びながら自然の心地よさを満喫できる、ユニークで楽しい体験プログラムが満載です。自然の森の中で、ゆっくりとした時間を過ごしながら、大人も子どもも心から解放されるプログラムでした。

発電所のプログラム

森でお弁当を食べてエネルギーを補給したら、ダム・発電所の探検に出発です。緑の学園から、マイクロバスに分乗して奥只見ダムに向かいます。

ダムの頂上の天端からは、上流側に広がる銀山湖が満々と水を湛えて広がる風景が見えます。周りの深い森と調和し、空の青と森の緑を静かに映し出しています。下流側をのぞくと、ダムの高さが実感できます。ずっと下のほうに、発電所から放流されている水が滝のように白く勢いよく流れ出ているのが目を引きます。でも、この水は、発電所本体の放流水ではなく、河川の環境を維持するために流されている水です。本体の発電放流水は、ここから約3㎞下流までトンネルで導かれて、放水口から放流されています。それにしても、ダムの高さ157メートルは圧巻です。

ダム・発電所でも、五感を使って設備を知ってもらう手法が採られていました。

まず、ダムの頂上からエレベーターでダムの内部に降りていきます。監査廊と呼ばれるダムの点検用の通路は、とてもひんやりしています。

「ここはダムの一番底に近い部分です。ですから、周りの水は水の密度が最も高くなる温度、すなわち4℃になっていると考えられます。ダムの外にある水とこの監査廊とは、ずいぶん厚いコンクリートの壁に隔てられているのですが、冷たい水の温度が伝わってきて、だいたい、一年中10℃くらいの温度になっています。ですから、夏の今はとてもひんやりと感じられますが、逆に冬は暖かく感じます」という社員の説明に、参加者の皆さんは驚いています。

この年は、7月16日に新潟県中越沖地震がありました。参加した皆さんは、地震でダムが壊れることがないか心配してくれているようです。

「ダムの中では、点検のための通路の壁やわずかに染み出でくる水（漏水）の量を月に3～4回、定期的に測っています。漏水の量が多いから危険、少ないから安全ということではなく、いつもと変わらない状況ならＯＫなんです。いつもの量にくらべて、大きく増えていたり減っていたりすると、『何かおかしい』ということになります。また、年に一度、ダムの外から、ダム全体の構造がゆがんでいないか、どこかに変形したところがないか、細かく測量して点検をしています。先月に大きな地震がありましたが、点検の結果、ビクともしていないことが確かめられています」

この社員の説明に、参加者の皆さんは安心した様子です。

監査廊の中では、漏水に触って温度を確かめたりして、皆さんは点検員になった気分で見学します。

監査廊を通って、その奥にある地下発電所行きのエレベーターに乗り、さらに下へと降りていきます。奥只見の地下発電所は、只見川の右岸、福島県側の山の中にあります。

地下発電所の発電機室と書かれた部屋は、幅25～30メートル、奥行きも70～80メートル、高さも15メートルくらいあるでしょうか。山の岩盤を繰り抜いて作られていて、まるで秘密基地のようです。温度は、監査廊のように寒くはなく、25～26℃といったところでしょうか。

発電機室では、手前に補修作業用のスペースがあり、天井には大きなクレーンが設置されています。その奥に発電機がブーンといった音を出しながら並んでいます。

参加者の皆さんには、発電機カバーに耳をつけたり手で触ったりしながら、電気の生まれる瞬間の音や振動を確かめてもらいました。

また、実験キットを使って実験しながら、水力発電の仕組みを知ってもらいます。ダムに見立てたペットボトルの水が、ビニールホースの導水管（実物では水圧鉄管といいます）を通って水車を回し、その力で発電機を回すとLEDのライトが点滅します。水車を回した水は下流（バケツ）に流れていきます。実物の発電機を前にして実験すると、その仕組みがさらによくわかってもらえます。

発電機室の後は、階段を下って、水車ピット室を見学します。ここでは、もう一階下にある水車と、この上の階にある発電機をつなぐ直径1メートルのメタル・シャフトが勢いよく回っている様子を見てもらいます。1分間に何回まわっているのでしょうか。ストロボ発光器で測ってみると、約214回。中途半端な数のようですが、奥只見の水車発電機は14極あるので、50Hz（ヘルツ）の安定した電気を供給するために必要な1分間の回転数の3000を14で割ってみると、3000÷14＝214という計算になって、正常に運転され、安定した電気を発電していることがわかります。

一方的な知識の押しつけでなく、楽しみながら自然と興味が掻き立てられるようにと必要最小限の案内を心がけますが、参加者の皆さんが目を輝かせ、耳を傾け、熱心に質問する様子を見ているうちに、結局は通常案内する以上の説明をすることになります。しかも、その説明も興味津々で聞いてもらえるので、案内する社員もいつもよりずっと多弁になります。

こんなに多くの笑顔がこぼれる発電所見学を、わたしはいままで経験したことがありませんでした。五感を使って発電所を案内するといった発想が生んだ、魔法のような設備見学は本当に新鮮な驚きでした。あらためて体験型の学びのパワーと、専門性の異なる人たちと協力し合って物事を運営していく素晴らしさを体感することになりました。

奥只見ダムの高さ150メートルを超す偉容や、地下発電所の水車発電機のメタル・シャフトが高速回転する様子は、参加していただいた皆さんにはやはりとてつもなく大きなインパクトだったようです。

まとめのワークショップ

そして最後は、「まとめのワークショップ」と名付けられた実験と振り返りの時間です。

発電所から緑の学園に戻り、自然の森と水力発電のつながりを、森のフカフカ感を再現してみる実験や森の土壌の保水力実験を通して確かめます。

高倉さんが主導する実験には、新聞紙やティッシュペーパー、ペットボトルをリユースして手作りした「漏斗《ろうと》」と「ビーカー」を使います。

まず、森のフカフカ感を再現する実験では、新聞紙を使います。

「さあ、どうしたら森のフカフカ感を再現できるでしょうか」

新聞紙を細かく切り刻んでみる親子、クシャクシャに丸めた新聞紙を広げてみる親子、丸めた新聞紙をそのまま間に挟み込む親子などいろいろですが、みんな楽しげにチャレンジしています。

次は、ティッシュペーパーとペットボトルを使って森の保水力を確かめる実験です。

ティッシュペーパーを平らに重ねて入れた漏斗と、丸めてお団子にしたティシュペーパーを水切りネットで包んだものを入れた漏斗の2種類を使って、水の通りやすさをくらべます。するとお団子のほうが水は通りやすいことがわかります。

「森の土のお団子のような構造を、専門的には団粒構造といいますが、お団子のほうが水も、空気も通しやすいのです。森の木が成長するために必要な水は、このお団子の中に含んでおいてくれます。お団子を一つつまんで、ギュッと絞ってみてください」

お団子からは、思った以上の水が絞り出されました。

「そうなんです。森の土は、必要な水をお団子の中に含んでいてくれて、余分な水はスッと地下にしみこませてくれます。だから、少しくらい日照りが続いても、森の木々は青々としているんです」

高倉さんの説明が続きます。

「では、地下にしみこんでいった水は、どうなっているのでしょうか」

みんな少しキョトンとしています。

「さあ、それでは、しみこんだ水がどこへ行ったのか見てみましょう。漏斗とビーカーのほかにペットボトルで作った筒がありますね。実は、この筒とお団子が入った漏斗は合体できます。合体させてみてください」

すると、筒の上に漏斗が差し込まれたものができました。

「では、今度は、筒と筒を合体させてつなげます。つながったら、もう一度、森のお団子に雨を降らせてみましょう。どうなりますか」

漏斗に注いだ水はお団子の土を通って筒に流れ込み、つなげた筒の中を流れていきます。

「森に降った雨が、お団子の土を通って地下にしみて流れていきますね。この流れはなんというでしょうか」

高倉さんが問いかけます。

「地下を流れていく水のことだよ」

そうスタッフが出したヒントに、「地下水！」と元気な答えが返ってきます。

「そう、地下水です。いま、みんなは森に雨を降らせて、地下水が流れているところを実験しています。では、この地下水は、この後どうなりますか」

再び、高倉さんが問いかけます。

「そうです。地下水は、ゆっくりゆっくり地下を流れて行って、川のはじまりになったり、沢のはじまりになったりして、また地上に出てきます。そして、だんだん大きな流れになって、川になり、そしてダムに流れ込みます。そして、今日一日かけて見学したように、ダムに貯まった水を使ってわたしたちは電気を発電しています。こうして、森と水と電気はつながっています」

そんなふうに高倉さんが説明してくれました。

この実験では当初、森の土壌のお団子のような構造にスポットを当てて説明していましたが、近年では、森の土（腐葉土）の団粒構造を作ってくれるのは、森の土の中に棲んでいる昆虫やミミズ、クモ、微生物やカビなどの菌類といった、さまざまな土壌生物たちの働きであることも紹介し、いろいろな生物が棲める環境を守ることの大切さ（生物多様性の大切さ）にも触れて、プログラムを進化させています。

まとめのワークショップの後半では、増田さんが、高倉さんの実験を引き取って、子どもたちにもわかりやすく、こんなふうにまとめました。

「電気を作るには、人工のダムと発電所だけで発電しているように考えていたけれど、実は、豊かな森が〝緑のダム〟になっていて、地下水を作って人工のダムに水を運んでくれていたんですね。森の〝緑のダム〟が大きな役割を果たしてるんです。みんな、森と水と電気の〝秘密のつながり〟をわかってくれましたか」

まとめのワークショップの最後では、今日一日の体験を一つずつ振り返りながら、楽しかったこと、発見したこと、不思議に思ったことなどを親子で話し合いながら、ブナの木に見立てた葉書に感想を書き、山本さんが手作りしてくれた「奥只見の風景」に貼り付けて発表します。「ブナへの手紙」と名付けた振り返りの時間です。

元気に大きな声で発表する子も、ちょっと恥ずかしげに照れながら発表してくれる子もいますが、それぞれに楽しかったことや気づいたこと、大事にしようと思ったことなどを発表します。保護者のお父さん、お母さん方にとっても、とても貴重な時間、親子のつながりを確かめるひと時になったようでした。

「ありがとうございました。本当に楽しかったです」

浦佐駅では多くの皆さんにそういっていただいて、お陰様で初めてのエコ×エネ体験ツアーを無事終了することができました。

楽しいツアーはこれで終了ですが、スタッフにはもう一つご褒美がありました。「森と水と電気のつながり」に気づいた皆さんは、頭で理解するだけではなく、体で感じ取った体験だからでしょうか、奥只見の体験をとても大事にし、普段の生活でも行動で示してくれているようなのです。

「電気は自然の恵みだから大事に使います。節電も頑張っています」

後日送られてきたアンケートの回答には、そのようなメッセージもありました。子どもたちのそんな言葉に出会うと、本当にうれしくなり、元気がもらえます。

大学生ツアーと初年度の振り返り

久しぶりに、大人も子どもも目を輝かせる瞬間を何度も目の当たりにしたわたしは、自分がとてもポテンシャルの高いプログラムに関わりはじめたことを実感していました。

初年度のエコ×エネ体験ツアーは、この後、11月に1泊2日の行程で、大学生ツアー（16名参加）を実施しています。大学生ツアーについては、当初、社内に「本当に、大学生が社会貢献のターゲットになるのか」といった意見がありました。これには、専門性の高い大学生の興味関心にしっかりと応えられるのかという心配と、かつての学生運動のように政治色の強い学生が参加した場合にも対応できるのかとの懸念がまぜこぜになって出てきた意見のようでした。

わたし自身は、次代を担う若者たちとのつながりを作りたいと考えていましたし、阿部さんたちも、テストランで大学生たちに参加してもらい、意見を聞いていた経験から、大学生ツアーは可能と考えて準備していました。増田さんたちにお聞きしても、今の大学はかつての大学とはだいぶ雰囲気が変わっているようです。そこで、心配の声は真摯に受け止めつつ、大学生ツアーの募集を開始しました。

大学生ツアーでは、小学生親子で実施した3つのメインプログラムに加えて、宿泊プログラムならではの「ナイト・ウォーク」や「朝の散歩」などの体験プログラムを付加するとともに、2日目の午前中を、互いに学びを深めるためのディスカッションの時間に充てるなどの工夫をしていました。

ダム・発電所、森のプログラムの終了後には、「ダムは自然破壊の象徴のように言われることもあるけれど、ここに来て感じたのは、すっかり自然と一体になっているんだなあ、自然も新しい環境に適応して、もともとの環境とは違うんだろうけど、新しい環境を作り出して見事に共生する強い力を持っているんだなあ、ということでした。現場に来てみないと気づかないことって、多いですね」とのコメントがありました。

また、ダム建設当時の短い記録映画を見てもらい、当時は大規模な発破工事を行って、環境に大きな負荷をかけて築造したことや、対象者は少なかったものの、ダム建設によって立ち退いていただいた方もいたことなども紹介しました。さらに、10年前に実施された奥只見4号機増設工事は、50年前の工事とはまったく異なっていて、環境配慮に細心の注意を払い、とても慎重に工事を進めた様子も紹介しました。学生たちからは、ため息交じりに「深いなあ」の感想も漏れました。

そして、最後の振り返りの時間では、学生から「もっと、話し合う時間がほしい」「発電所で働く人と話してみたい」などの意見が出てきました。

学生たちは、とても前向きにこのツアーをとらえてくれたようです。そして、我々にとっても、ダム建設に伴う光の部分だけでなく、影の部分も紹介しながら、率直に大学生と話し合ったことは大いに刺激的で貴重な体験になったのでした。

わたしの中に、このツアーのポテンシャルを具体化し、品質を高めたいという気持ちがあらためて高まっていきました。

ツアー後、いまのプログラムに何を足したらよいか、何を引いたらゆっくり咀嚼して考える時間が取れるのかといった課題とともに、Ｊ－ＰＯＷＥＲの社会貢献活動のシンボリックなプロジェクトとしてさらによいものにするには、どうしたらよいかということも考えていました。

翌年のツアー実施にあたって、好川さんに相談して、このプログラムは第三者の目線から は、どうとらえられ、評価されるのか。そういった目線を導入して、さらにプログラムの課題を洗い出し、改善するプロセスを通して品質を高めていってはどうかと提案しました。これが、プログラム・アドバイザー（ＰＡ）システムの端緒になりました。

そして、実際に２００８年度からＰＡシステムを導入し、多くのＰＡの方に参加していただくことになりました。

「プログラム進行の時間管理をしっかり行う」「プログラムに地域性を取り入れる」「弁当ガラの処理なども含めて環境保全の姿勢をしっかり出す」「参加者とのコミュニケーションを積極的に取り、親近感とホスピタリティを増す」「エコとエネのジレンマを感じ、それをしっかり話し合う」などのアドバイスをいただき、プログラムを改善して、ようやく自信を持って参加していただけるようになってきたと思います。

２００７年にスタートしたエコ×エネ水力編ツアーは好評を得て、現在も少しずつ進化しています。日帰り行程ではじめた奥只見の小学生親子ツアーは、２００８年に宿泊型プログラムにトライし、２００９年からは全面的に1泊2日の宿泊型にして内容を拡充しています。

参加希望が多い小学生親子ツアーは、２０１０年から岐阜県御母衣《みぼろ》ダムを舞台にする新たなツアーをスタートし、世界遺産の白川郷近くの森を散策したり、水力発電に挑戦する川遊びのプログラムなどを交えて、奥只見とは一味違った構成で水平展開することができました。これによって、関西以西の方にも参加していただけるようになり、多くの小学生親子の皆さんに楽しんでいただいています。

大学生ツアーは翌年から2泊3日の行程にして、電力所に勤務する若手社員と交流できる時間もとりました。相変わらず学生の参加募集に苦心するところもありますが、次第に先輩から後輩に紹介してくれたり、友達に話したりといった口コミが効いてきて、２０１４年の募集では、定員を大きく上回る応募が出てきています。

これからも、「続ける」「広げる」「伝える（学び合う／話し合う）」を合言葉に、よりよい体験をしてもらえるように、プログラムの品質を高めていきたいと考えています。

3　体験型環境教育とは

社会を変える3つの方法と環境教育

「エコ×エネ水力編ツアー」を通じ、子どもだけでなく大人も目を輝かせていきいきと活動する体験型環境教育への興味が、わたし自身の中にも湧き上がっていきました。キープ協会の川嶋直《ただし》さんや増田さんが取り組んでいる「体験型の環境教育」について、そんなわたしが学び、感じ取ったものをこの節で紹介しましょう。

社会課題を解決し、社会変革を進める手法には、大きく3つの方法があると言われています。

一つは規制です。公害防止や不当な労働強制が生じないように、大気汚染防止法や労働基準法を定め、違反を取り締まったり、法律を守るように強制するような取り組みです。

二つ目は技術開発です。新たな技術を実用化して大気汚染物質の排出を低減したり、コンピュータと通信技術の融合がもたらしたインターネットが身近な情報の受発信を非常に簡単、便利にしたことなどが、これにあたります。

３つ目が教育です。社会課題の数だけ、その解決法としてさまざまな教育の必要性が提言されて実行されています。たとえば人権教育、平和教育、ジェンダー教育、環境教育です。教育が大事なのは、教育によって広く社会が課題を認識するようになり、その解決を図って、よりよい社会づくりを進める基盤を形成することにあります。すなわち、何が望ましい姿であるかを学び、考える力を育て、規制の方向性や技術開発の方向性を支える役割を担っているのです。

我々が出会った体験型環境教育の実際について、小学生親子の本番ツアーの様子を先に紹介しましたが、参加者全員が気持ちよさそうに笑顔を浮かべているのが印象的でした。では、どんなふうにしてこのプログラムが出来上がってきたのでしょうか？　また、なぜこれほど効果を発揮しているのでしょうか？

その魅力的なプログラムのバックボーンについて、わたしが感じ取ったところをお話しします。

体験型環境教育の魅力

わたしたちが出会った体験型環境教育の魅力は、体験を通じて自ら学ぶ力を引き出すというセオリーを持ち、知らぬ間に楽しくなるような多様な手法やプログラムを豊富に用意していることにありました。同時に、そういった綿密な準備をしていながらも、「体験することだけでは十分ではない」と自ら厳しく認識（自戒）し、自然の営みを適切に伝え、気づきを促し、「自然の森や生き物を好きになり、環境を大切にする気持ちが湧いてくる」ようにその場に合わせて楽しい雰囲気を作り上げていること。また、楽しみながら自然に親しみ、その場にあったメッセージを発信して環境を保全する気持ちが湧き出てくるよう、言葉や対話の技術を常に磨いていることにあるのではないかと思っています。

体験の意味と学ぶ喜びとは――
「聞いたことは、忘れる」
「見たことは、思い出す（思い出してもらえる）」
「体験したことは、理解する」
「気づいたこと（発見したこと）は、身につく」

キープ協会の川嶋さんに教えていただいた格言です。体験することの意味合いを端的に表現していると思いませんか。

また、「education（教育）の語源はeduceという言葉で、意味は「引き出す」とのことです。人間が本来持っている力や能力を引き出すのが教育で、人間は誰しも新しい知識を得、新しい発見に感動して喜びを感じ、成長していきます。もともと誰にでも備わっている「学ぶ喜び」、それを上手に引き出すことができれば、自然に興味や関心を持って課題に関わってくれる。それが生きる力を育んでいく教育の本質ではないかという理解を基礎に置いていました。

だから、川嶋さんや増田さんたちは、体験し発見する機会をさまざまに設けて、気づきを促し、学びを深める対話の技術（インタープリテーション）を磨いているのだと、そんなふうにわたしは受け止めました。

振り返りの大切さ

企業で仕事を進める時に、必ず大事にしなさいと教えられるのがＰＤＣＡサイクルです。計画（Plan）を立て、実行（Do）し、その結果を振り返り（Check）、あらためて改善して行動（Action）に移す。よい仕事をするための鉄則です。増田さんたちは、とくに、振り返りを大事にしているように感じました。

体験型の環境教育の現場では、同じプログラムを実施する場合でも、季節や時間帯、天候や参加者の属性などによってさまざまな変化が生じ、参加者が得る気づきや発見が変わってきます。そうした変化の中で、自然の営みを紹介し、自然を大切にする心を育むために適切なメッセージを発信する。はたして、参加者に紹介した自然の営みは旬な話題（適切）だったのか、発信したメッセージは的確だったのかを振り返ることは、プログラムの品質と自分たちの技量を高めるために必要不可欠なステップであるようです。

だからでしょうか、その時々の様子を、プログラム実施後になるべく早く振り返り、スタッフが経験したことや気づいたことを共有し、反省点と改善点をはっきりさせて次に活かす、そういう積み重ねを大事にしていました。

エコ×エネでも、一つのツアーが終わって参加者の皆さんをお見送りした後、すぐにスタッフミーティングを開いて振り返りをします。ツアーには第三者としてツアーに関わり、参加者目線でプログラムを評価していただくプログラムアドバイザー（ＰＡ）の方にも参加していただいています。スタッフはプログラムの運営や次の進行準備が頭にあるので、プログラム中に客観的に参加者目線でプログラムを見るのは、なかなか難しいことです。ですから、こうしたＰＡの方からもらうアドバイスは、たいへん貴重な振り返りや改善の材料になります。

つながりを教える環境教育

現代の便利で快適な生活スタイルやグローバルな経済活動を支えているのは、間違いなくエネルギーですし、わたしたちの衣食住や文化、安寧は、豊かな自然の生態系の営みに支えられています。

一方で、子どもたちにとっては、毎日の生活を支えてくれるエネルギーや自然環境とのつながりが見えにくくなっているように思えます。ある小学校で、先生が「電気はどこからくるでしょうか」と生徒に尋ねたら、生徒は「壁からやってきます」と答えたそうです。壁の先にどのような仕組みがあって、どのように人が働いていて、電気が作られ、送り届けられているか、子どもたちは関心を持ちにくいのかもしれません。

今の社会は分業（専業化）が進んでいますから、子どもたちはスーパーマーケットやコンビニに、さまざまな農産物、海産物、製品が豊富に並んでいることを知ってはいても、それがどこで、どのように作られて運ばれてきているのか、毎日便利に使っている電気についても、コンセントの向こう側にはどんな人がいて、どんな仕事をして電気を送ってくれているのか、そういうことが見えにくくなっているのは確かです。

実際に体験し、それを咀嚼して学びを深める体験型環境教育は、食物連鎖を主軸にした生態系のつながりだけでなく、さまざまな自然界のつながり、生態系サービス（自然の恵み）の様子も教えてくれます。体験を通して「わかる喜び」を実感させてくれる、魅力的で貴重な学びの機会になっているといえるでしょう。

また、自然系の環境教育から、自然とわたしたちの暮らしとのつながりを考える生活系の環境教育、気候変動や地球環境問題を考える地球環境系の環境教育、それらが重なり合う総合系の環境教育へと視野を広げていくと、「自然と人間のつながり」「過去（の営為）と現在のつながり」「同世代の人と人のつながり」「人と組織、人と社会のつながり」「今の世代と次の世代のつながり」など、さまざまなつながりをも考えさせてくれます。

いまや人類共通の重要課題の一つとなっているサステナビリティ（Sustainability：持続可能性）。環境教育は、将来のあるべき社会の姿、誰もが平和に暮らしていける社会の姿を考える貴重な学びの機会であり、さまざまなつながりを考えさせてくれる総合的な学術分野になっているように思うのです。

4 エコ×エネ・カフェ

エコ×エネ・カフェの誕生

奥只見ツアー大学生編から誕生したプログラム、それがエコ×エネ・カフェです。

２００８年の大学生ツアーに参加した学生たちから、「もっといろいろな発電所を見てみたい」「エネルギーのことを考えてみたい」「もっとつながりを大事にしたい」という声が出されました。我々も同様なニーズを感じていて、せっかくできたつながりを一過性のものにしてはもったいないと、何かしら自由に集まったり、話したり、一緒に行動できる「プラットホーム」のような交流の仕組みがあるとよいのではと考えていました。そうすれば、ツアーに参加してくれた学生だけでなく、そのお友達にもつながりを広げることができるかもしれないと思ったのです。

どんな仕組みがふさわしいのかつかめないまま、学生たちが計画するエコ・ツアーへの協力、磯子火力発電所の見学などをしながら、個別に学生たちのニーズに応え、かろうじてつながりを保持していました。しかし、単発的なイベントでは、そのつながりを保持し続けることに限界があることは明白でした。やはり何らかの仕組みが必要です。

そんな折り、以前、プログラムアドバイザーをしていただいたNPO法人日本エコツーリズムセンター（以下エコセン）の中垣真紀子さんから「エコセン・カフェ」へのお誘いをいただきました。エコセン・カフェは、エコセンが実施しているミニ・シンポジウムです。阿部さんと出掛けてみて、「これだ！」と直感しました。簡単な挨拶、狙いの紹介の後、その回にお迎えしたゲストに話題提供してもらい、それに関連する質疑応答や意見交換で盛り上がります。飲み物を片手にリラックスした雰囲気ですが、皆さんはとても真面目で積極的です。一瞬、かつて盛んに実施していた社内のYG活動を思い出していました。

ツアーは非日常の体験ができるインパクトの強いイベントですが、3日間日常を離れる必要があります。往復の交通費も自己負担です。もちろん、負担に見合う以上のメリットを提供できる、持ち帰っていただけると思っていますが、やはり負担があることが参加する障壁の一つになっているのは確かです。

カフェは、体験ツアーほどのインパクトはないかもしれませんが、日常活動の延長で参加でき、つながりを維持して広げる機会になります。この二つの特性の異なるイベントを上手に運営できれば、面白いシナジー効果が期待できるのではないかと考えていました。

仕組み作りの具体的な内容は、環境ｇｏｏ（現在は緑のｇｏｏに統合）を運営しているＮＴＴレゾナント株式会社と協働して運営すること。「ワールド・カフェ」の手法を取り入れることにして有限会社ビーネイチャーの森雅浩さんに参加してもらうこと。カフェの内容を環境ｇｏｏに掲載して発信してもらうこと。それらを基本にエコ×エネ・カフェの設計と準備を進めました。

そこまでしてカフェをスタートさせたいと思ったのは、もちろんプラットホームを作りたいとの思いもありましたが、次代を担う若者たちとの交流の場を持っていることが、これからの時代は企業にとっても必要なことではないか。新生Ｊ‐ＰＯＷＥＲとなってもＢ to Ｂの事業が中核の我が社にとって、外に向けてオープンな窓口を開いていることが先々有用になるのではないか。そう考えたからでもありました。

多様なゲストと多様なテーマ

第一回のカフェはキープ協会の川嶋さんをゲストに迎え、学生参加者19名、社会人参加者18名、社内からの参加者8名を得て盛況にスタートできました。

「わたしたちは、どんな社会に暮らしたいと思っているんだろうか」

川嶋さんの回で設定した、ワールド・カフェのトークテーマです。いつになっても色褪せないテーマです。

これまで多様なゲストの方にご協力いただき、毎回、興味深い話題提供とその話題をベースにした対話を参加者の皆さんとともに楽しんでいます。

その中で、「そうか」「なるほど」と思ったいくつかの話題、対話を紹介します。

学生たちの反応が大きかったのは、人の声や振動などを利用して発電するというユニークな技術を開発している、株式会社音力発電の速水浩平さんでした。ご自身の研究を活かして起業し、活躍されていますが、技術を磨くことに熱心で誠実なお人柄ゆえでしょうか、カフェの後も大勢の学生たちが速水さんを取り囲んでいたのが強く印象に残っています。

株式会社4CYCLEの田井中慎さんは、優れたマーケターです。エネルギーの未来を展望しながら、これからの社会では所有することに対する価値観が変わり、シェア（共有）する比率が高まるのではないか、そのことによって、ライフスタイルも変化し、エネルギーの需要も変わっていくのではないかとの発言がありました。将来の持続可能な社会をイメージする上で貴重なヒントをもらったように感じました。

また、作家で江戸文化研究者の石川英輔先生の回と、NPO法人国際環境経済研究所主席研究員の竹内純子《すみこ》さんの回では、奇しくもエネルギー消費と幸福感の相関が話題となりました。

石川先生の回では、江戸期から現代までの社会変化とエネルギー消費の変遷を振り返る中で、幸せな暮らしはどの程度エネルギー消費と相関しているのだろうかという意見が会場から出されてみんなで意見交換しましたが、竹内さんの回でも、世界各国のエネルギー消費の実績を概観しながら、同様の意見交換がなされました。世界一幸福といわれるブータンや南米諸国のエネルギー消費と国民の幸福感の相関を見ると、幸福感とエネルギー消費（経済発展）の間には一定の相関がありそうですが、その国の文化や価値観によっても、その相関関係は変わってくるようでした。

東京大学生産技術研究所特任教授の荻本和彦さんには、震災の前後に3回ほどお話ししてもらいました。電気工学と経済合理性をベースに、地球環境問題とエネルギー選択の課題について、これまでとこれからをわかりやすく展望してもらいました。スマートグリッドやスマートコミュニティといった技術革新がもたらすものの見方をお話しいただこうという狙いがありましたが、カオスの中で何でもありの世界になっているのが現状で、自分のライフスタイルをベースに賢く選択していくことが重要とのお話で、自分事として考え続ける大切さをあらためて認識させられました。

また、上智大学大学院教授で環境政策が専門の柳下正治先生の回では、エネルギー選択に関する民主的なプロセスについて考えました。国民の民意を為政者に届けるにはどうい

エコ×エネ・カフェは、J - POWER本社近くのカフェレストランで開催されています。まずは、アイスブレークを兼ねた旗揚げアンケートで和やかな雰囲気をつくり出します。

ゲストと Be-Nature School の森さんとの掛け合いで話題提供していただきます。トーク中心の進行はわかりやすく、参加しやすいようです。

話題提供のあとは、森さんから出されたお題についてテーブルごとに話し合うワールドカフェの時間です。メンバーを入れ替えて2～3ラウンド行います。

ワールドカフェのあとは、テーブルの話し合いで出た意見や気づきを全体で共有します。最後に、ゲストの方に感想・コメントをいただき、カフェは終了です。終了後も、旧交を温めたり、新たに出会った人と談笑する参加者たちの姿が毎回見られます。

（写真／アクアデジタルフォトス 田川哲也）

うプロセスが有効なのかを考える、いつもとは一味違うチャレンジでもありました。

当初は、ゲストの方と話していただくテーマと概要を事前に打ち合わせ、おしゃべりはゲストの方におまかせしていましたが、次第に進行役の森さんのインタビューを交えた「掛け合い方式」が定着してきました。タイムキープという実務的な必要もあるのですが、掛け合い方式のほうが的確にゲストの方の考えを引き出しやすく、聞いている参加者の皆さんにとってもわかりやすいようです。高倉さんの回では、実物のコンポストを紹介し、柳下先生の回ではカフェの場を使って実質的な討議型世論調査の実験をするなど、それぞれの回で何かしらチャレンジしながら続けてきています。

カフェは口コミベースでスタートしましたが、一度参加された方が、お友達を紹介する、お連れいただくことはＯＫですし、一度参加された方には次回の案内をメールで差し上げています。また、経団連の「1《ワン》％クラブニュース」でもご案内しています。したがって、6年、18回を数えると、実質的にはかなり広い範囲の方にご案内を差し上げることとなり、公募とあまり変わらない実態にもなってきています。

5　エコ×エネ火力編

エコ×エネ火力編の誕生を目指して

エコ×エネ火力編ツアーは、わたしにとっては体験プロジェクトがスタートした当初からの課題でした。

Ｊ－ＰＯＷＥＲは、「エネルギーと環境の共生を目指す」の企業理念のもとで、水力発電と石炭火力発電を二本柱に、それぞれの特性を活かした形で事業を発展させています。ですから、社会貢献活動のシンボル・プロジェクトであるエコ×エネにおいても、ぜひ、水力編と火力編の二つのテイストの異なるツアーを提供したいと考えていたのでした。

２００８年春、前年に実施した奥只見の水力編ツアーに気をよくして、火力編ツアーの検討会を北九州市の若松総合事業所で開催しました。若松総合事業所を会場にしたのは、Ｊ－ＰＯＷＥＲの各火力発電所から集まりやすい位置にあったこと、北九州市は公害の街からエコタウンを標榜して大きな成果を挙げている都市であること、また、かつてＪ－ＰＯＷＥＲの第一号の石炭火力発電所があり、現在はＪ－ＰＯＷＥＲの火力技術開発の拠点になっていることなどを考えた結果でした。

検討会には、各火力発電所から発電所開放デーの担当者や発電所見学の対応・説明をしている担当者に集まってもらい、キープ協会からも川嶋さんと増田さんにアドバイザーとして参加してもらいました。

検討会では、五感を使った発電所案内プログラムによって、これまでとはまったく異なる印象的な見学案内が可能になること、わかりやすい見学案内ができるように各発電所の工夫や経験、知恵を情報交換・共有することが重要であることをまず提案しました。ついで、若松総合事業所の緑地で実際に自然観察や自然体験のプログラムを川嶋さんと増田さんに実施してもらい、体験型の環境教育の手法を参加者に体験してもらいました。

体験の後に、こうしたプログラムを組み合わせることで、エネルギー供給と環境保全に同時に取り組んでいるJ‐POWERの姿勢を、印象深く効果的に訴求することができるのではないかと問いかけました。さらに、各発電所でも発電所の緑地を使って、自然観察・体験プログラムと火力発電所の見学プログラムを組み合わせたエコ×エネ火力編ツアーが実施できるのではないか、その可能性について意見交換したいと提案しました。

参加者からはさまざまな意見が出されましたが、総括すると、「各発電所の見学案内の工夫や知恵を情報交換・共有することはとても有意義だけれども、自然観察・体験プログラムと組み合わせたエコ×エネ火力編ツアーを各発電所で開催することは負担が大きい。そうしたプログラムを実施する余力はなく、現状では難しい」という意見が大勢を占めました。

つまり、「本業として火力発電所の効率的な稼働と環境保全に取り組んでいる様子を案内し説明することは必要だけれども、自然体験や自然観察はまったく別の専門性や能力が必要になるので荷が重い。外部と連携・協働して実施するとしても、そのための費用を負担してまで実施する必要を感じない」ということでした。端的にいえば、「もっと本業に即した火力編プログラムを検討してはどうか」という意見と受け止めました。

こうして初回の火力編のプログラム検討は挫折したわけですが、各発電所の取り組み状況を共有する機会は重要との理解は得られましたので、次年度以降も情報交換を続けることにしました。

こちらの本命の提案は却下されましたが、「現場の意見は貴重だなあ。現場とのパイプはきちんと持っておかなければ」と痛感しました。ちなみに、この火力系の情報交換会が母体となって、この後、水力発電所や送電所の担当者も参加する社会貢献活動担当者情報交換会が発足しました。

わたしにとっては、石炭という環境負荷の大きい燃料を使いながらも、いくつもの環境対策設備を設置するとともに、燃焼効率をとことん向上して石炭そのものの使用量を少なくして、発生する大気汚染物質の発生量を抑制している、そのことに汗をかいて技術を積み上げてきた火力現場のこだわりを、火力編プログラムの中心に据えない限り、J-POWERらしい火力編プログラムは構成できないとの大切な気づきを得ることができました。一方で、この宿題はなかなかの難物でもありました。

自然体験に代わるもの

なぜ、最初の検討会が挫折し、火力編ツアーの設計の切り口が見つけにくかったのでしょうか。水力編の成功体験から、自然体験と火力発電所見学を単純に結びつければプログラムができあがると安易に考えていたからかもしれません。

あらためてJ-POWERの石炭火力の歩みを振り返り、何を訴求することが大事かを、ゼロベースで考えてみました。そして、浮かんできたのが、硫黄酸化物や窒素酸化物、煤塵、灰など、石炭燃焼に伴う大気汚染物質の排出抑制と、発電所の熱効率を高める技術を磨き上げて世界最高水準の効率を実現してきた先輩方の取り組みや思いを、そのままプログラムに反映したらどうだろうかというアイデアでした。日常生活で見かけることがなくなっていた「石炭そのものを見せる」という発想も湧いてきました。

この身近に見かけることがなくなった石炭からつくり出されるエネルギーが、実は日本の電気の25％以上を賄っていること。世界では、電気の40％以上が石炭火力発電所で発電されていること。石炭は、そのまま燃やすと大気汚染の原因物質を排出するものであること。そのために、優れた排煙処理技術と熱効率を高める技術を組み合わせ、逐次改善し、技術を磨いて新しいプラントを開発・運用していること。その結果、日本の石炭火力発電技術は、世界最高の環境性能と熱効率を実現するに至っていること。石炭は、石油や天然ガスと違って、政情の安定している地域にも多く埋蔵されている、安定的かつ安価に調達できるエネルギーであること。こうした一連の事実を、技術面から訴求してはどうかとひらめいたのです。

そんなふうに考えていくと、石炭というものを知ってもらい、石炭火力の現状をしっかり理解してもらうためには、石炭を生焚きして見せるのが、何よりも説得力があると思いついたのでした。

石炭はそのまま燃やすと、黒煙とともに独特の石炭臭を発生します。SL（蒸気機関車）臭といったらわかりやすいでしょうか。燃料としては固体で取り扱いにくいので、身の回りで見かけることはほとんどなくなりました。ですから、若者たちは、石炭を見たことも、燃やすとどんな燃え方をするのかも知らない人がほとんどです。だからこそ、石炭を生焚きして見せてあげよう、実際に見て、臭いを嗅いで、生で燃やした時と石炭火力発電所を訪れた時の違いを体験してもらおうと考えたのです。水力編とは違う火力編の味付け、テイストのつけ方は、この時決まりました。

環境負荷を低減させるための技術的な工夫や日頃の取り組み、限りある化石燃料を効率よく使うための技術開発やさまざまな取り組みを、自然体験に代わる燃焼実験体験を通じて知ってもらおうというわけです。これはClean Coal Technologyの実際を、よいところも悪いところも一切合切見てもらうことでもありました。石炭資源が持つほかの化石燃料資源とは異なる特性を紹介して、石炭火力発電所の意義を再確認してもらいたいと率直に考えました。

２０１１年の奥只見ツアーで、高倉さんの協力を得て、どうしたらうまく石炭を生焚きできるか、石炭の生焚き実験のトライアルをはじめました。

失敗続きの生焚き実験

この石炭の生焚き実験。実は、簡単に実験成功というわけにはいきませんでした。

最初に実験したのは、同年6月に実施した社員とその家族向けの体験ツアーの直後で、いつもの振り返りを終えた後の緑の学園2号館の玄関前でした。実験には、アルコールランプと、アルミ缶の底の部分をハサミで切り取って穴を開けた燃焼皿を用意し、石炭は高倉さんに小麦粉状の微粉と5ミリ程度の細粒のものを2種類用意してもらいました。燃焼皿にアルミ缶を使ったのは、熱伝導がよいと考えたからでした。

うまく燃えれば、黒煙とともに独特の石炭臭を発生するはずでした。ところが、石炭はブスブスくすぶり、揮発分（石炭の中の気化しやすく燃えやすい成分）を出すものの、火はつきません。微粉、細粒とも同様です。それどころか、アルミ缶のほうが熱で割れてしまう始末。石炭臭、ＳＬ臭はしますが、不十分です。火力編の核になる実験ですから、このままにしておくわけにはいきません。

高倉さんと一緒に何がうまくいかない原因なのか考えましたが、その時はよくわかりませんでした。屋外の実験で風もありましたから、燃焼皿の保温が足らなくて着火に至らない、またはアルコールランプでは火力が弱いなどが考えられました。いずれにしても、アルミ缶の燃焼皿はほかのものに代える必要がありました。

その後、自宅の庭で、風よけをして同じように実験してみましたが、結果はほとんど変わりませんでした。やはり、アルコールランプでは火力が足りないようです。実験ということで、すぐ「アルコールランプで」と考えたところに落とし穴があったようです。高倉さんも職場で石炭の化学分析を担当している人に聞いて、保温と火力が必要とのアドバイスをもらってくれました。実際の火力発電所のボイラーでは、最高温度が１３００℃にもなるのですから、着火には相応の火力と保温が必要なようです。

再度、9月の大学生向け奥只見ツアーの後に、携帯型ガスコンロ、加熱用のガスバーナー、ステンレスの水切り容器などを用意して、生焚き実験にチャレンジしました。高倉さんは、ほかに燃焼ガスの検知管、リトマス試験紙、燃焼ガスを石灰水に吸引するためのコンプレッサーや吸引硝子管などを用意してくれていました。

いよいよ実験。ステンレスの水切りに入れられた石炭は、最初はブスブスくすぶっていましたが、うちわで軽く風を送ってやると、うまく発火して燃えはじめました。実験成功です。石炭独特の臭いを出して赤く燃えています。その燃える様子を見ながら、薪や木炭にくらべて、石炭の放射熱はずっと強いように感じました。

いずれにしても、火力編の核になる実験に目途が立ち、同年11月に計画している火力編のデモンストレーション・ツアーの課題がまた一つクリアできました。ほっとした気持ちで、放射熱を心地よく感じながら、次第にオレンジ色になり、明るく燃える石炭を眺めていました。

サイエンス・カクテルとの出会い

後に火力編のパートナーになっていただく、科学コンテンツの企画・研究を行う任意団体のサイエンス・カクテル・プロジェクト（以下サイエンス・カクテル）とは、わたしがエコ×エネ体験プロジェクトに関わりはじめた頃、好川さんが幹事をしていた「技術者倫理を考える懇談会」でお会いしていました。その後、サイエンス・カクテルのメンバーの小寺昭彦さんに、奥只見の親子ツアーのプログラム・アドバイザーをお願いしたこと、またエコ×エネ・カフェの常連になっていただいたことが縁で、サイエンス・カクテルが主催するワークショップに参加する機会を得ました。

明治の殖産興業の時期に日本独自の紡績機を開発した臥雲辰致《がうんたっち》の功績に光を当て、ミニチュアの紡績機を再現し、糸を紡いでみるワークショップでした。このワークショップに参加したことで、サイエンス・カクテルの目指す、「サイエンス・リテラシーの向上のために活動する」という意図をよく理解することができましたし、皆さんの思いとその実力を目の当たりにし、とても共感しました。この出会いをきっかけに、代表の古田ゆかりさん、岩城邦典さん、永井智哉さんに水力編のプログラム・アドバイザーをお願いしたり、火力編の構想について意見を求めたり、磯子火力発電所を案内するなど、多面的に交流を深めていくことになりました。

サイエンス・カクテルは、火力編のプログラムの一つとして、シュミレーション・カード・ゲーム「エネルギー大臣になろう」を提案してくれました。仮想国のエネルギー・環境政策を、その国のエネルギー大臣になって考えるというもので、とても面白そうでした。

生活に欠かせない電気は低価格で安定的に供給してほしいものですが、環境や健康への配慮も欠かせません。経済性（Economy）、環境性（Environment）、エネルギー・セキュリティ（Energy Security）という3つのEと安全の課題が複雑に絡み合っていて、「こちらを立てればあちらが立たず」といったジレンマ、トリレンマを内包していますから、一般の方はとてもとっつきにくい。でも、このとっつきにくさを、ゲームなら乗り越えられるかもしれません。また、ゲームをしながら、「経済性（電気料金の安さ）と環境保全」、「安定供給（稼働率の高さ）と自然エネルギーへの期待」といった、いくつかのジレンマも具体的に経験できそうです。

また、化石燃料を使う石油火力、ＬＮＧ火力、石炭火力発電とCO_2排出が少ない原子力発電、水力発電や地熱発電、再生可能エネルギーとして近年注目を集める風力、太陽光発電に加え、バイオマス発電、ゴミ発電といったさまざまな発電方式の特性や長所と短所を、カードゲームをしながら楽しく学ぶことができそうでした。そして、「石炭」という身近に見かけることがなくなっているエネルギー資源が、実は電力の安定供給のためにとても有用な資源であることを理解してもらうためにも、一度エネルギー問題を鳥の目で俯瞰できるような工夫が必要ではないかと考えていましたから、ゲームを通じて全体像をつかむことはとてもユニークで面白いと感じました。

さらに、何を大事にするか、どんな国づくりをするか、そのためにどんな発電所を選択するかを話し合うことで、参加者同士がフランクに意見交換でき、活発にコミュニケーションできそうです。また、ゲームという切り口からなら、「複雑だから」と敬遠されがちな一般の方にも、エネルギー問題に関心を持ってもらうきっかけになるはずです。

こうして、カードゲームを開発することにして、ゲームにおける発電所の建設費、環境負荷、稼働率などの数値の設定や、ゲーム性を高めるアクシデントの提案、最終的にゲームに優劣をつけるためのレーダーチャートの提案などをしながら、サイエンス・カクテルと一緒にゲームづくりを進めていきました。

エネルギー大臣カードゲーム

「エネルギー大臣になろう」は、4人1組のグループで仮想国のエネルギー・環境政策を立案実行し、他の国（グループ）とその結果を競うカードゲームです。

ゲームの進行を追いながら説明すると、まず、くじ引きで国カード（7種類あります）を引いて担当する国を決定します。そしてその国の国名（自由に決定）と、国情に合った政策目標を定めます。政策目標は――

- 電気料金を安くして、国の経済発展を目指す。
- 稼働率を高めて、停電のない安心安全な国を目指す。
- 環境保全を第一に、人と自然環境に優しい国を目指す。
- エネルギー自給率を高めて、自立した国を目指す。

この4つの目標の中から優先順位1位と2位の政策を決定します。

次いで、その国の国情、資源状況、予算制約を踏まえて、それぞれの国に求められる数の発電所を建設します。建設する発電所は、10種類の発電所カードの中から、それぞれに定められている建設費、環境負荷、稼働率、料金、自給率、アクシデントカードとの関連性などを検討しながら、適切と考えるカードを選択することになります。

所要の数のカードを選択したところで前半戦の終了です。

前半戦が終了したところで、アクシデントカードを引きます。すると、世界共通のアクシデントとその国だけのアクシデント、都合2種類のアクシデントが発生します。アクシデントによって、前半戦に進めてきたエネルギー政策に何らかの影響が生じます。

後半戦は、このアクシデントの影響を踏まえて、再度、当初定めた政策目標を実現できるようにゲームを進めます。最後には、前半戦と同様に2種類のアクシデントが発生しま

まずは、ゲームの概要とルールの説明から。今回は5カ国でエネルギー政策を進めていただきます。

グループごとに話し合いながら、その国が目指す政策を実現できるよう、発電所カードを選んでいきます。

ゲームの結果と気づきの発表準備をしています。アクシデントで思わぬ影響を受けたようです。他国の様子も気になります。

結果発表をしています。発表後の、全体で共有し、話し合う時間も実は大切な時間です。ゲームで感じたジレンマや気づきを共有することから、バランスよくエネルギーを考える姿勢が養われていきます。

す。そして、最終結果を所定の様式にまとめ、当初掲げた政策目標の達成度合いを発表し合います。

ゲームの勝ち負けは、各国の政策遂行の優劣について、４つの軸（料金、稼働率、環境負荷、自給率）の成績と、当初掲げた政策目標の達成度（国民満足度）、ゲームを進行する中で、グループ内でよく話し合って進めることができたかどうか（合意形成）の６つの項目の結果をレーダーチャートに表して決します。

ちなみに、発生するアクシデントは、地震や異常気象、反対運動、放射能事故といった負の影響により稼働率の低下や料金の上昇などをもたらすマイナスのカードと、資源開発、電池技術革新などのプラスの効果をもたらすカードの2種類があります。したがって、如何にカードの引きが強いか、運がよいかによってゲームの結果が左右されます。ゲームのゲームたる所以と言ったらよいでしょうか。

その後、２０１2年からこのゲームを「エネルギー大臣ワークショップ」として、エコ×エネ・プロジェクトの独立メニューに加え、関心を持っていただいた大学生や社会人とのエネルギーに関する対話のツールとして、年に6～7回、ワークショップを開いて活用しています。

プログラムの改善、そしていざ本番

「エネルギー大臣になろう」の導入プログラムを得て、2011年11月に、1泊2日の行程で火力編ツアーのデモンストレーションを実施しました。

主なプログラムは、「エネルギー大臣になろう」のカードゲーム、石炭の生焚き実験、磯子火力発電所の一般見学、横浜港からの工場夜景ナイトクルーズ、交流懇親会、「家電製品とわたしたちの暮らし」(さまざまな家電製品が普及、進化し、生活が便利快適になるとともに電力消費量も増大してきたことを、パネルを使ったゲーム形式で確認するサイエンス・カクテル開発のワークショップ)、2日間の振り返りと行動化のディスカッションで構成していました。

参加者の学生たちからは、「楽しく勉強できたけれども、詰め込み過ぎ。咀嚼の時間がほしい」「もっと交流したいので2泊3日くらいにしてほしい」との意見がありましたし、アドバイザーとして参加してもらったキープ協会の増田さんからは、「もっと体験できるプログラムがあったらいい」とのアドバイスをいただきました。

この結果を受けて、まず、スケジュールを2泊3日にすることに決めました。

次いで、発電所の見学のあり方を見直しました。当時、磯子火力発電所のＰＲ館長をしていた池杉守さんとは旧知の間柄でしたので、一般の見学コースではなく、発電所の主要な要素である燃料、空気、水の流れをたどって発電所を見学できないか、率直に相談しました。これは、燃料、空気、水のコースに分けることで、発電所の仕組みがわかりやすくなるのではないかと考えたことと、それぞれのディープなコースをたどることで、先輩たちが積み重ねてきた技術的な改善や工夫の跡が紹介しやすくなり、新たな体験がいろいろ提供できると考えたからでした。池杉館長からは「面白いね」の言葉とともに、各コースの見どころポイントについてもアドバイスをもらい、一緒に見学コースとその構成を考えました。

こうして準備した計画をあらためて磯子火力発電所に提案し、了解してもらいました。ディープでマニアックな現場見学の提案は、現場事業所にとってはとても煩わしい提案だったはずですが、磯子火力発電所の皆さんには快く了解していただき、本番ツアーの前には下見を兼ねて実際に各コースを案内してもらいました。

本番では、発電所勤務の若手社員が学生を案内することとして、それぞれのコースを担当する若手社員を指名してもらうなど協力していただき、その結果、充実した本番ツアーを実行することができました。

石炭の荷揚げの様子を見ています。見えている船はセルフアンローダー船と言い、荷揚げ装置を内蔵していて、石炭を飛散させることなく荷揚げできます。

ボイラーまわりの設備を見学しています。ふだん見学者が立ち入ることがないところまで見ていただきます。当然、安全に留意して、全員フル装備です。

ポイントごとに、用意した写真や絵を使って社員が設備の仕組みや機能をわかりやすく説明します。

燃焼をコントロールする空気の流れを作り出す設備の一つを案内しています。

わたしの反省点としては、設備案内のポイントの決定、小道具づくりに関して、直前までバタバタしてしまい、現場を案内する若手の皆さんに事前に見どころポイントを明確に提示することができなかった点です。ずいぶん迷惑をかけたと思うのですが、それぞれの若手社員は自分で説明ポイントを考えて、学生さんたちを案内してくれました。

恒例の振り返りは、火力編でも実施します。

プログラム終了後すぐにスタッフで振り返りを行い、反省点と改善点について話し合うのが、エコ×エネの真骨頂です。

今回の火力編では、取材に来ていた方にも参加していただいて、意見やコメントをもらいました。また、水力編で実施者になってもらっているキープ協会の増田さんにも参加してもらいました。増田さんからは、水力編との対比、前回のトライアル・ツアーとの対比を含めて意見をいただき、「五感を使う、体験を大事にする、といった水力編との共通点を感じました。前回のトライアルにくらべて、大幅に体験する部分が盛り込まれて、忙しいところもありますが、エコ×エネらしさを感じました」という、お褒めの言葉をもらい、ようやく火力編のよちよち歩きがスタートしたのでした。

6　エコ×エネから学んだこと

エコ×エネからの学び

2007年の奥只見の学生ツアーの最中、好川さんから「藤木さん、エコ×エネのアピール・ポイントは何でしょうね」と聞かれ、その時、「体験、協働、学び合い」と答えました。以来、「体験、協働、学び合い」が、エコ×エネの合言葉となりました。それにしても、ここまで継続できてきたことは、とても幸いなことです。

わたし自身も多くの体験をし、多くの協働パートナーに出会い、多くの学びをさせていただきました。関わってくれた皆さんに支えられてここまでやって来られたのだとの思いを強くしています。これまでご紹介してきたように、火力編ツアーのプログラムを得て、とりあえず一連のプログラムが出そろったと感じています。この項では、ここまでの体験と学びを整理し、現在の課題とこれからを展望してみたいと思います。

目的を共有する大切さ

このプロジェクトに関わり、もっとも大切だと感じていることは「目的を共有すること」です。

実際に理解し合い、目的意識を一つにすることは、実に難しいことです。考えていることをきちんと伝えることさえ、何度か繰り返す必要があるのですから。でも、目的を共有するパートナーと一緒に切磋琢磨して活動し、成果を生み出すことは、とても満足感が強く、素晴らしい体験です。そういう出会いがあり、体験をしたからこそ、目的を共有し、互いに高め合えるようにさまざまに工夫し、提案し、コミュニケーションをとってきたのだと思います。

目的を共有するために必要なことは「活動を継続すること」。そして、活動を「振り返り」、何度でも「話し合うこと」が欠かせません。話し合いの基盤には相互の信頼感が大切ですから、仲間意識だけでなく、協働パートナーへの尊敬も必要です。話し合いの雰囲気作りでは、明るく、前向き、対等、率直で素直に対話ができるように工夫することが大切だと思います。

個人的には、「疑問に思ったことは恥ずかしがらずに聞く」「できるだけ簡潔に話す」「話し合うことは、聞きあうこと（聞くことを大事にする）」「違和感を持ったことは、指摘はしても否定はしない」といった、対話のルールを持つことも大切なことだと学びました。

協働の意義と効用

エコ×エネの活動は、すべてのプログラムを専門性の異なるパートナーとの協働で実施しています。協働することで、多様な観点からプログラムの構成を検討したり、思いがけない手法やアイディアを発掘することができます。

エネルギーと環境のつながりを知り、その健全な関係を考えるためには、そこにさまざまな複雑に絡み合う課題があることを知るのがまず必要です。そして、その課題について、一つの立場や専門性から考えるのではなく、異なる見方や専門性を有する方との議論や意見交換を重ねてはじめて、より現実的で実際的なプログラム提供ができるのです。ちょっと気取っていえば、「異なる専門性が出会うことで、化学反応が起き、魅力的なアウフヘーベンが可能になり、付加価値が生まれる」と言ってもよいでしょう。

そのためには、パートナーにその個性や特性を遺憾なく発揮してもらうことが大切です。そうすることで、一味違ったテイストのプログラムが提供できるとともに、我々自身も刺激を受け、プログラムの品質向上に向けた連鎖が生まれていきます。よく話し合い、対等の立場で議論できる雰囲気を作り出すこと、一つ一つ信頼関係を築いていくことがとても重要なことだと考えています。

さらには、ツアーやイベントの開催を通じてプロジェクトの手応えが得られると、相互にいっそう意欲が喚起され、委託や請け負いといった受発注関係を乗り越え、アウトソーシングの妙を実現できるようになります。こうなると、プロジェクトの推進力を外部のパートナーにも受け持ってもらえるようになり、プロジェクトが自然に広がり、循環していくようになります。

協働関係を上手に作り出すためにわたしが気をつけていることは、「目的と手段を間違えない」ということです。互いに実現したい目的を共有することこそが、協働関係、協働活動の基盤です。ですから、協働によって達成したいことについては、十分に議論や意見交換を積み重ねて共有しなければなりません。

一方、手段はさまざまあってよいし、むしろ、あるべきだと考えています。目的を達成するための手段まで統制して、「あれはいい、これはだめ」と制約してしまうと、専門性が異なる方と協働するせっかくのメリットが失われかねません。もちろん、手段の的確さや有効性について意見交換することはありますが、基本的に「なるほど」と思えるなら、お任せして実行に移してもらうことにしています。

継続する大切さ

エコ×エネがスタートした当初、当時の北村雅良J－POWER副社長が身分を隠し、〝普通のおじさん〟として大学生ツアーに参加してくれたことがありました。その時、「ようやくはじまったわけだけど、まったく同じプログラムでもよいから、5年10年と続けることが大事。学生たちは毎年替わるはずだから、担当するスタッフは、マンネリに陥らずに毎年、自信を持って同じプログラムを提供してほしい」というメッセージをもらいました。「毎年同じはご勘弁」と思いながらも、トップにしっかり背中を押してもらっている高揚感がありましたし、継続することの大切さを意識した瞬間でもありました。

そのツアー直後の振り返りでは、学生たちの反応に手応えを感じたスタッフ全員が、「継続しよう、もっとよくしよう」と口々に語り合い、次はどうするかを考えはじめていたことは、とても印象深いできごとでした。

エコ×エネは少しずつ進化してきました。数年前、社長になっていた北村さんに、同じように身分を隠してエコ×エネ・カフェに顔を出していただいたことがあります。途中退席されましたが、そこには次のメッセージを残していただきました。

「Not by running, but by walking.」

我々が継続して少しずつ取り組みを広げ、内容を工夫してきたことを理解して、「これからもしっかり続けてやれよ」と励ましていただいたものと受け止めました。

また、2013年2月の火力編のトークゲストに迎えた中垣喜彦相談役（当時。前社長、現・名誉顧問、一般財団法人石炭エネルギーセンター〈JCOAL〉会長）には、学生と懇談する中で、「継続は力　挑戦は勇気」のメッセージをエコ×エネのユニフォームにサインしていただきました。あわせて、学生の皆さんには、「何をするにしても頭だけでは十分でなく、継続して考え、行動するには体力も必要。若いうちから、ぜひ、体も鍛えていてほしい」と、中垣さんらしいメッセージをもらいました。

北村さんと中垣さんの二人のメッセージは、わたし達の宝物にさせてもらっていますが、いずれも継続して実施することの大切さを指摘し、「これからも頑張れ」と励ましていただいたものと思っています。

エコ×エネ体験プロジェクトは、ここまでは一定の成功を収めてきていると思っています。この成功は「小さく生んで大きく育てる」「小さなヒットを積み重ねる」といった形で進めて来たことが秘訣かなと感じています。

最初の奥只見親子ツアーに参加していただいた皆さんの笑顔が、スタッフにとっては「やってよかった」の実感を伴った、はじめての成功体験でした。

まずは奥只見の日帰りツアーからスタートし、手がかりを得て継続し、宿泊ツアーに拡大しました。さらに協力してもらえる方を増やして、御母衣編ツアーという水平展開を達成できました。関心を持って関わってくれる方が増えるつど、エコ×エネ・カフェ、エコ×エネ火力編、エネルギー大臣ワークショップへと、プログラムを拡充することができました。

継続することを基本にしながら小さなヒットを重ね続けてきた結果、関心を持って関わってくれるパートナーが増え、新たな戦力を得てプロジェクトが広がってきたというのが実感です。

大人に求められるethical（倫理的）であること

水力編の親子ツアーでは、毎回いろいろな微笑ましい親子のつながりを拝見します。一緒にツアーを楽しみながら、触れあったり、話し合ったりして、親子がもともと持っている優しい気持ちや互いのつながりを確かめ、互いに生きる力を高め合っているように思います。こうした場面に出会うにつけ、嬉しさとともに、「大人はもっとethical(倫理的)であってよい」と感じます。

幼い子どもたちに「善いことと悪いことの区別」と「悪いことをしてはいけない」と教えてきた大人は、成長して間もなく思春期を迎えようとしている子どもたちに、今度は「現実の社会は厳しいのだよ。人生や現実の社会の中には、いろいろな誘惑や危険なこともあるし、世の中には悪いことをする人もいて、落とし穴にはまったり、騙されることもあるから気をつけなさい」と教えることになります。まさに現実の社会はそういうものであるし、決してそういった注意喚起が不要の社会がやってくることはないと思いますが、とても残念な現実だと思います。

だからこそ、次の世代にバトンタッチしていく我々大人たちの責任として、「もうちょっと、いまの社会を何とかよくできないかな」と考え、できることから工夫してやってみることが大事ではないかと感じています。教育が「生きる力を引き出すもの」なら、大人たちは子どもたちに現実の厳しさを話して注意喚起するとともに、「挑戦する勇気」についても話してやり、「継続する力」を背中で見せてあげることが大事なことではないかと思うのです。

そのために、大人がもう少しethicalに物事を考え、社会的に行動することが求められているのではないでしょうか。「あの時、お父さんは頑張っていた」「お母さんは、ずっと続けていたね」と、あとで子どもたちが思い出してくれれば、それはそれで子どもたちが健全に生きていく力の肥やしになったといってもいいのではないでしょうか。

何も難しいことに挑戦して見せる必要はないと思います。たとえば、無駄な灯りを消す、家電製品は少し値が張っても省エネタイプのものを選ぶ、水や食べ物を大事にする、ゴミの分別やリサイクルに協力する、通学路で子どもたちの安全を見守っているPTAやシルバーボランティアの方に「お疲れ様。ありがとうございます」と声をかける、隣近所の人たちと挨拶を交わしてコミュニティづくりの端緒を作るなど、いろいろな、「これまではしていなかったけれど、そうしたらいいな」と感じる、身近に挑戦できる課題があるのではないかと思うのです。

そして、勤め先の工場や物流センターの協力が得られて、子どもたちに、実際に製品が作られている様子や、部品や製品が正確に運送され、地方と都市、生産者と加工業者、販売店がつながって動いている様子を実際に見せてあげることができたら、子どもたちの視野が広がり、理解が深まって、社会性が高まっていくのではないかと思います。

そうした活動は、会社内に共感する仲間を作りますし、会社が協力してくれることで社員の会社に対する誇りやロイヤリティを高めます。そして、会社自体の社会性が増して、社会的な評価が高まれば、顧客や取引先をはじめとするステークホルダーの信頼も高まることになります。

わたしたち大人が、勇気をふるって一歩を踏み出すことで、会社や職場でも働きやすく、手ごたえを感じて仕事できる仲間や環境を少しずつ作っていけるのではないでしょうか。同様に、ご近所さんと挨拶を交わし交流を深めることで、安心して暮らせ、子どもたちが健全に育っていける空間が広がっていくのではないでしょうか。そんな小さな一歩を踏み出すことが、住みやすい社会づくりのはじめの一歩になり、また企業内にＣＳＲを確実に定着させることにつながるのではないかと思っています。

7 エコ×エネの課題と展望

エコ×エネ体験プロジェクトの現状

これまで紹介してきたように、エコ×エネでは、とりあえず年間を通して実施する一連のプログラムが出揃いました。

第1四半期の4月から6月にかけては、夏の水力編体験ツアーの準備と並行して、エネルギー大臣ワークショップなどで新たな大学生とのつながりを作り、夏の水力編ツアーへの関心を高めて新規参加者を開拓します。7月から9月にかけては、水力編ツアーの実施を中心に、夏休みに開催されるさまざまな親子向けイベントなどへの出展、社内の若手体験会などが主な活動になります。また、10月から12月にかけては、エコ×エネ・カフェ、J-POWERデーなどのイベントの開催。並行して、夏のツアーの振り返りとまとめ、社内アンケートと火力編ツアーの準備、次年度の予算原案の作成が進められます。また、12月には火力編ツアーの参加者募集をスタートして、2月に火力編のツアーの開催。3月を中心に、年間を通じての活動の振り返りと次年度計画の具体的なスケジュール案の作成、年度報告会の開催といった具合に進んでいきます。そして、これらの行事の合間を縫って、現場の事業所との懇談会を行ってきましたし、２０１３年までは東日本大震災の被災地で支援活動を実施してきました。

一連のプログラムは揃いましたが、その時々の社会情勢に応じて、旬な話題を取り込みながらわかりやすくエコとエネのつながりを表現していくことは常に必要なことです。また、自分たちの見識も高めて、より楽しく学べ、気づきが得られるプログラムに改良して、より多くの人に参加し、共感してもらえるように継続していきたいと思います。

そのために現在の課題を整理し、プロジェクトのこれからを展望してみたいと思います。

現在の課題

エコ×エネは、外部の参加者の皆さん、ＰＡの方、少しずつ増えてきたメディアの取材関係の方などからとても高く評価していただいています。そして、社内の認知、理解、評判は少しずつ高まってきましたが、さらなる努力が必要と思われる状況です。今後も継続して実施し、外部の参加者のさまざまな声を社内にフィードバックしたり、我々も情報発信にさらに取り組み、社内の認知を広げていく、社員が参加して体験できる機会を増やしていく必要があると思っています。そうすることで、本業で取り組んでいる電気の安定供給と、こうしたプロジェクトのつながりを〝見える化〟でき、かつまた、本業と同化して、「本業を進めるためにも必要な企業活動である」との認識を獲得していきたいと思います。そのような認識が広がれば、自然に継続する仕組み、協働に関する理解、体験の大切さや体験をベースにしながら伝えていく効果などについても理解が進んでいくはずです。

二つ目は、活動の評価の物差しをもう少し具体化することです。エコ×エネはJ－POWERの社会貢献活動と位置付けていますが、わたしは「決してボランタリーな活動ではなく、本業を進めるためにも必要な企業活動である」と考えていますので、やはりきちんと評価していくことが必要です。それには、経済性の指標とともに、社会性の指標、次の本業の担い手になる若手の育成効果などを含めて、何らかの評価の物差しを作り、わかりやすくその効果や意義を〝見える化〟したいと考えています。活動する人たちの思いや情熱について数値化するのは難しいでしょうが、なんとかそれも伝えることができれば、さらに多くの人に、こうした活動の目に見えにくい重要性に気づいていただけることでしょう。

三つ目は、エコ×エネの社会的価値を高めていくためには、一定のビジョンを持つことが課題ではないかということです。「エコとエネのバランスする社会の実現のために貢献する」ことを目的に掲げて、協働パートナーの皆さんと進めてきたわけですが、もう少し具体的な中長期計画（何を、どう実施するか）を持つ必要があるのではないかと思います。2013年から二度ほどビジョニング・ミーティングと称して、関係する皆さんとの話し合いを持っています。そこでは、水力編、火力編、カフェ、エネルギー大臣ワークショップのプログラム相互のシナジーを高め、さまざまな学びの機会を一定の関連性を保って提供することで、継続して参加する人を増やせるのではないかという話がなされています。

また、「エコ×エネといえばJ‐POWER、J‐POWERといえばエコ×エネ」といわれるくらいに、ブランド化していくことも目指すべきところかもしれません。しかし、評判を高めることは手段であって本来の目的ではありませんから、内容の品質向上と継続して活動することを基本に、自然体でユニークな学びの機会としての評価を高めていくことが適切であろうと思います。

また、以上に述べてきたこととの関連で、社内外のつながりをきちんと保持していく新たな仕組みづくりも、課題の一つです。2009年から、水力編ツアーに参加した大学生の声に応えてエコ×エネ・カフェをはじめたのですが、大学生たちは卒業して社会人になり、世代交代していきます。そうした中で、社会人になってもつながりを大事にしていたい、何かでつながりたい、社会人としてこれまでとは違う立場で連係できることがあるのではないかと考えてくれる仲間も増えてきました。そろそろ、年に数回のイベント型のつながりとは別の、新しいつながりの形を考えていく必要が出てきたのかもしれません。

今後の展望

プログラムのラインナップは一通り揃いましたが、大事にすべきは形ではなく内容であり、継続して改善し、よりよいものを目指すべきです。その形や構成は、内容の充実、品質の向上との見合いで大胆に組み立て直すことはありうるし、そうしたいと思います。

エコ×エネの目指すところは、「エコとエネがバランスする社会」。換言すると、「誰もが安心して平和に暮らせる持続可能な社会」です。したがって、そういう理念や目的を共有できる個人、団体とは幅広く連係できるのではないかと考えています。連係することで新しいつながりが生まれ、化学反応が起き、継続する新しい仕組みができるかもしれません。また、コラボレーションによって、活動の社会的価値の向上や、活動の裾野をよりいきいきと広げて、進化していけるのではないでしょうか

たとえば、カフェの場をESD（Education for Sustainable Development／持続可能な開発〈社会づくり〉のための教育）やCSRに真面目に熱心に取り組んでいる団体や個

人とコラボして柔軟に組み立て直す。エネルギー大臣ワークショップを他の団体との共催の形で機動的に開催し、エコとエネのつながりやバランスのあり方を考える機会を多様かつ数多く提供する。こういったことなどは、十分取り組んでいけることではないかと思います。

いずれにしても、「続ける、広げる、伝える（学び合う／話し合う）」を基本的なスタンスとして、Ｊ－ＰＯＷＥＲらしさを大切にしながら、今後も一歩ずつ進化し発展していければいいのではないかと思うのです。

エコ×エネ体験プロジェクト
水力編
紙上ツアー

新潟県と福島県の県境にある“身近な秘境奥只見”、そこで開催された奥只見ツアーを中心に、「エコ×エネ体験プロジェクト」の水力編ツアーの様子をご紹介します。

奥只見に着くころには、車中に笑顔が広がります

「おはようございます」と笑顔でお出迎えしています

船上からもいろいろな発見があるようです

銀山平から奥只見ダムへは、遊覧船で移動します

ダムの天端(てんば)では、ダムの高さと風を感じるプログラムを楽しみます

ダムの監査廊を通って発電所に向かいます

大人に支えられながら、天端からおそるおそるダムの下を見おろします

高速で回転するメタルシャフトは迫力満点

実物の発電機の前で水力発電の実験をすると、発電の仕組みが理解しやすくなります

発電機に耳をあてて、電気が生まれる音を聞いています

みんな目をつぶってつながって、目隠しイモムシで森の中へ

はっぱっぱから自然の森に親しむ体験がスタートします

ブナの木は、ひんやり冷たくて気持ちいいのです

自然のブナ林にはとても癒されました

根元に親子でもたれてすごすブナとの時間。とってもぜいたくなひとときです

初めて草笛を吹いてみました。高い音が出て面白い

レンジャーと葉っぱの話をしています

森の中でキノコを発見。食べられるかな?

地下水の実験です。森と水と電気のつながりがわかりました

森の土の保水力実験です。森の土壌生物たちが豊かな保水力を作ってくれていました

親子のペアで、それぞれに書いたブナへの手紙を発表してくれました

2日間の振り返りの時間です

夜の森を散歩して、自分の野生の目を確かめます

手回し発電機などを使って、いろいろな電気の実験、体験ができます

エコ×エネ体験水力編ツアーのメインプログラムは、「ダム・発電所のプログラム」「森のプログラム」「まとめのワークショップ」の3つから構成されていますが、このメインのプログラム以外にも、おいしい夕食、夕食後の夜の森の散歩（ナイトハイク）、自由交流会などのメニューがあります。自由交流会では、電気の実験やオリジナルの「エコ×エネかるた」などのサイドイベントも大いににぎわって、子どもも大人も楽しんでいます。

おばちゃんが魚沼のおもてなし料理を作ってくれました。けんちん汁、最高!!

エコ×エネかるたは、以前の参加者に句と絵を応募してもらって作ったオリジナルかるた

岐阜県の御母衣電力所を舞台に実施している御母衣ツアーでは、同じ白川村にある世界遺産の合掌造り集落を見たり、「水力発電に挑戦する川遊び」のプログラムなどがあります。また、御母衣ツアーでは、御母衣ダム建設によりダム湖に沈むはずだった荘川桜の物語をツアーのモチーフに加えています。荘川桜の物語は、ぜひ、J-POWERのホームページで確かめてみてください。

世界遺産の合掌造り集落を散策して、電気がなかった時代の暮らしを想像してみます

小川をせき止めてダムを造り、水力発電に挑戦しています

ツアーの最後は、みんなで荘川桜をバックに記念撮影をします

第二部

Corporate Social Responsibility

CSRの現状と課題

1 会社の社会性——企業にとってのCSRとは

新入社員研修でのCSR談義

ＣＳＲは「企業の社会的責任」と訳されていますが、いったい、社会ではどのように理解されているのでしょうか？

多くの方は、芸術文化の振興や支援活動、福祉団体への寄付、自然環境の保全活動や地域の清掃活動への協力など、ボランタリーな企業活動をイメージするのではないでしょうか。実際、ＣＳＲとは「特別な慈善活動や奉仕活動で、企業の本業とは異なる追加的な活動」というとらえ方が広がっているように思えます。ＣＳＲは、何か特別な企業の責任で、本業とは異質の慈善活動をすることととらえるのは正しいのでしょうか。

Ｊ-ＰＯＷＥＲの新入社員研修の講師を務めた折りに、新入社員たちとＣＳＲについて考えてみたことがありました。その様子を紹介しながら、あらためてＣＳＲの本質について考えてみたいと思います。

この時の新入社員は70名弱。大学院卒から高卒まで、年齢もそれなりに幅があります。

例年、学部卒の割合が高いようで、この年の女子総合職社員は5名でした。

はじめに、「ＣＳＲ、企業の社会的責任という言葉を聞いたことがありますか?」と聞いてみました。半数くらいの手が上がりました。

そこで、まず、切り口の一つとして、「社会的とはどういうことだろうか?」「なぜ企業は社会的な責任を問われるのだろうか?」と問いかけたところ、若干の間がありましたが、新入社員たちからは、「いろいろな人との関係があるから」という答えが帰ってきました。いい感じです。

「じゃあ、〝いろいろな〟と言ったけど、具体的にどんな人と関係しているのか挙げてみよう」と、具体的に挙げてもらいました。顧客、株主・投資家、銀行、従業員・グループ社員、取引先、メーカー、地元の自治体、大学や高校、地域の人々といった答えがあがりました。

「では、今挙げてもらったこれらの関係者は、企業にどんな利害や期待を持っているのでしょうか?」と、さらに問いかけてみます。

「製品やサービスを提供する」

「業績を伸ばして配当をする」

「収益を上げて、株価を高くする」

「借りたお金を返す、利息を払う」

「雇用を守る、給料を払う」

「ものを買ってくれること」

「新しい発注を受けること」

「固定資産税などの税金を納める」

「地元との約束、環境保全協定などを守る」

「地域の発展に役立つ」

「地域の雇用を増やす」

「卒業生を雇ってくれること」

「事故を起こさない」

「地域の安全と安心に協力する」

そういった答えがあがりました。

わたしのほうからは、大学や高校、メーカーとの関係では、「一緒に技術を磨く、共同して技術開発や技能の向上に取り組む」という点を、また、従業員との関係では「能力を伸ばす、技能や専門知識を教える、身に付けさせる、活躍の機会を与える」なども、きっと社員が会社に期待していることに違いないと補足しました。また、細かいことですが、顧客との関係で製品・サービスを提供することに関しては、「納期通りに」「より高品質の」

といった言葉を付け足したりしました。

さて、このように見ると、企業の活動は個人の活動にくらべて、その関係する範囲が広く、多様で多彩なつながりがあることがわかります。企業が何か新しい事業をはじめたり、以前の活動に変更を加えると、社会のさまざまな層に何らかの影響を与えることになります。新入社員たちには、この幅広さ、多様で多彩な社会の各層とのつながりこそが、企業に求められる「社会性」の原点ではないだろうかと話しました。

企業には、こうした広範な関係性があることをきちんと認識し、定款などに定めている会社の目的や企業理念、事業計画などを踏まえて、意思決定し、情報を開示し、行動することが求められています。そして、そうした思慮深く安定的で、周りから見ていても安心できる事業活動こそが、社会が企業に期待していること、社会的な責任の本質なのではないかと話しました。

新入社員たちにもう一つ質問しました。

「会社は株主のものという主張があります。同じように考えている人はいますか？」

新入社員の4分の1から3分の1ほどの手が上がりました。まあ、想定の範囲内でしょうか。

わたしからは、「会社はすでに社会の中で幅広く活動して多様な関係を持っており、組織形態としては株主が所有者ですが、大きくなって親離れした諸君と同じように、企業についても、事業を継続するゴーイング・コンサーン（事業主体）として、その存在を独自のもの、社会的に独立した存在と考えてもよいのではないでしょうか」と話しました。

さらに、「どう考えるか、その結論は今すぐ出したり、多数決で決するのではなく、皆さんが社会人、企業人として、常に会社は何のために事業をしているのかを考え続けてほしい。今日の話し合いを、〝会社は誰のためにあるのか、何のために仕事をするのか〟を考えるきっかけにしてほしい」とメッセージを送りました。

日本の伝統的な商道徳に「三方よし」の考えがあることも紹介しました。ご存知のように、「売り手よし」、「買い手よし」に加えて、「世間よし」となってはじめてよい取引ができる、社会の信頼を得て永く商売ができるという近江商人の教えです。近年は、Ｗｉｎ・Ｗｉｎの関係をつくることが大事と強調されることも多いのですが、当事者同士だけがよければいいというのではなく、「社会的に肯定される」という要件が加わることで、よりよい取引ができ、社会の健全な発展につながるビジネスができると思います。

企業には、経済的な利益や付加価値を産みだすことが期待されますが、同時に、その事業や取引を通じて、会社の社会性を損なうことがないように、むしろ、社会性を高め、社会とともに成長することが期待されているのではないかと考えています。それで、わたしはこの「三方よし」こそがＣＳＲの基本ではないかと考え、新入社員たちに紹介したのです。

ＡＢＣ＋ＤＥ

当たり前のことを、当たり前に実行するのが実は一番難しいとは、長く仕事をしてきたわたし自身の実感でもあります。

仕事では当たり前のことを当たり前にしていればよいはずですが、そうできずに不祥事が繰り返されてきました。これまでにも、電気事業だけでなくさまざまな業種で、労働災害、設備事故、環境事故、粉飾、偽装、データ流出、改竄《かいざん》、法令違反など、さまざまな企業の不祥事が明らかになり、報道され、批判されてきました。そこで、新入社員たちには、多くの場合、「目的と手段を取り違えてしまうことで、不祥事が起きるのではないか。企業が果たすべき社会的責任、すなわち、周りから見ていて安心できる事業活動に反する結果が生じるのではないか」と話しました。

利益を追い求めるあまり、本業をきちんと行うことを軽んじ、設備事故や労働災害を起こして電気の安定供給に支障をきたしては、何をかいわんやです。新入社員諸君には、安全の確保と利益の創出は同時に達成すべきことですが、どこかで目的と手段を取り違えてしまう、手段の選択や手段の組み合わせを間違えて安全の確保がおろそかになってしまう、そういう落とし穴にはまらないように、何が目的で何が手段なのか、よく考えていてほしいと話しました。

他社の失敗事例としては、衛生管理の手落ちで会社そのものがなくなってしまった乳製品を主力にしていた食品会社のY社。また、世界的な優良企業との評判が高かったN社は、途上国での素材生産、製品加工のプロセスで児童を労働させていたことが発覚し、全米で不買運動が展開されるなど、厳しく批判されました。さらに、「Beyond Petroleum」を合言葉に優れた企業活動がCSRのお手本と評価されていたB社は、CEOが交代して利益重視の経営に転換した数年後には、メキシコ湾の原油掘削プラットホームで大規模な原油流出事故を起こしてしまいました。利益追求を重視する経営の結果とは断言できませんが、事故調査報告では安全管理の手続きがなされていなかったり、必要な行政への届け出ができていなかったりという不備も指摘されていて、やはりどこかで目的と手段が取り違えられていた、しっかりなされるべき本業が軽んじられていた、と言えそうです。

新入社員たちには、当たり前のことを当たり前にするための、次のキーワードをプレゼントしました。

「ABC＋DE」

解説すると、
「Ａ：当たり前のことを」
「Ｂ：ボーッとしないで」
「Ｃ：ちゃんとやる」
「Ｄ：できるだけ」
「Ｅ：笑顔で」

笑顔を絶やさず明るく前向きに生活することで、ボーッとしないでいられます。笑顔で人と関わることで、周りの人たちを明るく前向きにできます。いつもと違って沈んでいる人がいたら、笑顔で声をかけましょうと話しました。ちっぽけな、日常業務をきちんとやるためのヒントですが、そんなちっぽけな積み重ねが大きな事故防止に役立っていると思います。事故が起きて、得をする人は誰もいません。このスタンスに立ってみると、皆さん、ちょっといいキーワードだと思いませんか？

子どもたちに青空を

もう一つ、わたしがいつもお話しするエピソードがあります。それは、わたしが、エコ

×エネやＣＳＲを考えていく上でもお手本としている企業の取り組みで、１９７２年に、当時世界で最も厳しいとされていたアメリカのマスキー法による自動車の排気ガス規制を、世界で初めてＨＯＮＤＡ社が新型エンジンを開発してクリアした話です。

当時、高校生だったわたしは、同社の快挙に感動した覚えがありますが、新型エンジン開発にまつわる技術者たちの奮闘の話は知りませんでした。その後、会社の民営化などの仕事の関連から、各社のビジョナリーな逸話、ＤＮＡにまつわるストーリーなどに興味を持ち、さまざまな話題を集めている中で、同社の技術者たちの、熱い思いに溢れるサクセス・ストーリーに出会いました。少し、紹介しましょう。

昭和40年代に深刻だった公害問題。安価な原油のおかげで日本は経済成長し、各地に工場が建ち、産業活動が活発になり、家庭も豊かになって自家用車が普及しました。その結果、急激なモータリゼーションと工場からの排煙で大気汚染が進行しました。加えて、水質汚濁、騒音や振動、化学物質の排出などさまざまな公害が発生し、大きな社会問題になりました。

光化学スモッグが発生して、校庭で体育の授業をしていた中学生が大勢倒れ、病院で手当を受けるということもたびたびありました。

環境庁が設けられて環境保全の施策が講じられ、全国でさまざまな取り組みがはじまりましたが、当時は、まだまだ環境よりも経済成長を望む空気が強かったように思います。

日本が公害問題に苦しんでいたころ、アメリカでは自動車の排出ガス規制が本格的に動き出します。当時のニクソン大統領は、１９７０年12月31日、世界中の自動車メーカーが反対する中、マスキー法を制定します。排出ガス基準を当時の10分の１にまで強化し、これを期限までに達成しない限り自動車の販売を認めないという厳しいものでした。

そして、１９７２年、日本のＨＯＮＤＡ社が、新型エンジンを開発して世界で最初にマスキー法の規制をクリアしました。天賦の才だけでなく現場で技術を磨き続ける本田宗一郎氏が率いるＨＯＮＤＡ社が大きな仕事を成し遂げたと、とても感動した覚えがあります。開発の過程では何度もの難局があり、若手の技術者たちと本田宗一郎社長との間でも激しいやりとりがあったようです。そして、難局に直面した時に、みずから父親でもある若手技術者たちから出てきた合言葉が、「子どもたちに青空を」であったそうです。

このフレーズに思いを込め、自分たちの技術を磨き上げることで、さまざまな難局を乗り越えてピンチを大きなチャンスに変えた彼らの情熱と、子どもたちのために青空を残そう、自動車からの排出ガスをきれいにして公害を克服しようと知恵を絞って研鑽を重ねた優しさに心を打たれ、企業と社会の関わり方の真骨頂を見た思いがしました。

これ以来、企業が社会との関わりを持つときの優れた手本、ＣＳＲの原点の一つとして「かくありたい」との思いとともに、この逸話をわたし自身の励みにさせてもらっている次第です。

CSRは本業とは別の活動ととらえることの危険

さて、企業の社会貢献活動をボランタリーな活動と理解することについて、あらためて考えてみます。一般には、企業の社会貢献活動やCSRは、ボランタリー＝慈善事業、何か特別な活動をすることととらえられているように思います。

しかし、「本業とは別の活動」「余裕のある会社の慈善活動」といったようにとらえると、CSRの本質を歪めた理解になってしまうおそれが出てくると思います。

これまで述べてきたように、企業は社会とコミュニケーションをとりながら、社会のニーズや期待をすくい取り、新たな商品を開発したり、サービスを提供して、経済的利益を上げると同時に、社会的価値、環境的価値をも向上させて、社会の進歩、よりよい社会づくりの一端を担っていると考えています。ですから、わたしは、「企業の社会的責任（CSR）は本業の中にこそ存在するし、本業との関連なくしてCSR活動は存在しない」と考えています。

そして、本業に基盤を置くＣＳＲ活動は、その活動を通じて社会とのさまざまなコミュニケーション・チャンネルを作ることにもなりますから、企業にとっても必要な活動であるのです。

しかし、現実の本業の活動は、競争環境の中で収益を上げるための活動として展開されますから、理念的なＣＳＲの情報発信と本業の活動は区分しておきたい、理念的な情報発信が先行すると本業で進めている個々の活動がやりにくくなる、といった企業の意向も生じます。会社の中には、株主の付託に応えて、利益を追求することが基本的なスタンスであるべきとの伝統的な考え方が根強くありますから、こうした考えと相まって、本業の情報発信はセーブされ、芸術文化の振興や支援、福祉団体への寄付などの、誰にとっても差し障りのない企業のボランタリーな活動がＣＳＲ情報として数多く発信されてきた結果、広く「ＣＳＲは本業とは別の慈善活動や奉仕活動をすること」との認識が形成されてきたように思います。

実際に、エコ×エネでも何度となく、そういう認識の違いに直面してきましたし、ＣＳＲの取り組みをなるべく限定的なボランタリーな活動にとどめておきたいという力学を感じることもありました。

また、社外のＣＳＲ活動を担当されている方からも、「ＣＳＲは本業とは別と認識している人たちと、どのようにコミュニケートしたらいいのだろう」といった、悩ましい話を何度も聞いてきました。

J‐POWERにおけるCSR体制整備

ここで、J‐POWERのCSRに関する体制の整備について、その経緯を概観しながら、CSRに関する当時の意識、認識について振り返ってみます。

石炭火力を主力事業の一つにしてきたJ‐POWERでは、環境保全は本業の発電事業と表裏の課題ですから、従来からその理解も高く、環境管理システムを取り入れ、その管理活動も定着していました。民営化に際しては、株式上場を前提に、連結決算などの会計基準への適合、会社情報の適時開示が求められていましたから、民営化前からコーポレート・ガバナンスの強化と情報開示の強化、適切化の取り組みが進められてきました。

また2006年、電力業界全体で、河川区域内の工作物の改変を河川法の手続きを経ずに実施したり、報告データの改竄が行われていたりという不祥事が発覚し、業界をあげてコンプライアンスの強化に取り組むことになりました。

そして、民営化を達成し、経営の発意を受けて、「J‐POWERらしい」をキーワードに実施案を練って、２００７年７月に社会貢献活動を本格的にスタートしたことはこれまで紹介してきたとおりです。

こうして経緯をたどって概観すると、その時々の事業環境に応じてＣＳＲを構成する諸要素の取り組みを強化し、逐次、体制を整えてきたと言えましょう。

ただ、エコ×エネをスタートした２００７年当時は、社内的には経営施策として進められていた人員軽量化の進展があって、現場には多忙感がありましたし、コンプライアンスの強化に関連して、「もう失点は許されない」というディフェンシブな雰囲気が強まっていたことも事実でした。ですから、「よりよい社会づくりのために会社の力をいかしましょう」と働きかける社会貢献活動は、全体の空気とはベクトルが違っていました。また、社内的には、「人々の暮らしや経済活動を支える電気事業に注力することこそが最大の社会貢献」という当社独特の伝統的な意識もあり、エコ×エネのような活動は慈善活動との理解が一般的で、「企業にとって必要な活動」という理解は、当初、ほとんどなかったと思います。

そんなわけで、プロジェクトの責任者としては、「このタイミングでエコ×エネをスタートするけれども、社内的な理解を拡大するのは厳しいなあ。外部からは、コンプライアンス問題を引き起こした償いではじめたと見られるかもしれないなあ」という思いが頭をよぎったこともありました。下見ツアーで体験型環境教育に出会い、わたし自身には新しい興味関心が湧いてワクワクするところもあったのですが、全体的には、いま紹介したような厳しい環境だったと思います。

このように、ＣＳＲや社会貢献活動に関する社内理解の浸透、認識合わせは、活動のスタートからの大きな課題でもありました。

まだら模様の社内理解

エコ×エネ体験プロジェクトが軌道に乗ってきた２００８年秋、好川さんから社会貢献活動の考え方を整理したいとの提案がありました。好川さんもまた、社会貢献活動を社内に定着させるためには、基本的な会社の方針を定めてそれをテコにして、社内の理解促進と普及活動を進めなければと考えていたようでした。

社会貢献活動という言葉の響きには、どうしても慈善活動、奉仕活動、ボランティアといったニュアンスが伴います。ですから社内には、「社会貢献活動は会社のボランティア活動なのだから、本業である電気事業が許す範囲（会社に都合がよい範囲）で、本業に大きな影響を与えない程度の活動を実行することで足りる」といったものや、「欧米のように、企業は本業を核とした活動に注力して、社会貢献は寄付を中心に行うのが合理的ではないか」という見解がありました。また、先に紹介したように、「人々の経済活動と日々の暮らしを支える電力供給を本業にするＪ‐ＰＯＷＥＲにおいては、本業である電気の安定供給に全力を傾注することが最大の社会貢献である」というＪ‐ＰＯＷＥＲならではの伝統的な見解もあり、その理解は実にさまざまでした。

Ｊ‐ＰＯＷＥＲは国策会社時代から、発電所の立地地域との共生を目指してさまざまな地域活動を実施してきています。現実に各事業所が実施している地域活動は、一律のものではなく、これまでの立地経緯や事業活動の経緯を反映しているので、どの活動が優れていてどの活動が今一つといえるようなものではありません。それぞれの活動は、「電源の開発を使命とするＪ‐ＰＯＷＥＲは、地域との共存共栄を最終目標として、地域の発展にも協力し尽力する」という伝統的な考え方を背景に、各事業所が知恵を出し、身の丈に合わせて地道に取り組んできた活動ばかりです。［＊］

こういう状況でしたので、グループとしての基本的な考え方を整理するとなると細心の注意が必要です。全体を包含しつつ、中心になる軸を据えて、簡潔で首尾一貫した考え方にまとめるには、それ相応の覚悟が必要でした。

＊当時実施されていた各地の事業所の活動は、地域のお祭りへの参加、地域の旧所名跡・海浜などの清掃活動、花いっぱい運動やサルビア・ロードの活動（地域の国道沿いに毎年サルビアを植栽する活動）、ペーロンや川下り大会などへの参加、福祉施設などへの寄付・慰問、棚田の維持整備のための活動への参加、植林や森林保全のための活動（フォレストクラブなど）、交通安全のための立哨活動、除雪ボランティア、電気・工作教室の開催、小学校などへの出前教室、社会科見学・総合学習の時間などでの設備見学案内、地域の方向けのパソコン教室開催、河川環境の維持改善のための活動（稚魚放流、産卵場所の整備など）、地域の方々に親しみを持っていただくための発電所開放イベントなど、実にさまざまでした。

実際、社会貢献活動の考え方を整理しようとすると、現在取り組んでいる活動を漏れなく把握し、それを大まかに分類整理した上で、次のプロセスを経ることが必要と見通されました。

①活動の位置づけや課題を明確にして、②これからの活動の方向性を展望し、③基本となる考え方を立案して関係者の意見を聞き、④役員会の議論に付して決定を得て、⑤グループ各社に向けて提示していく。

正直なところ、とても遠い道のりのように感じられました。

考え方を整理して旗幟鮮明にすることはとても重要だと感じていましたが、人員補強の見通しが立たない中、現在の人員でその仕事ができるのか。さらには、その後の活動の呼びかけや、現場の事業所に対する支援が十分できるのだろうかという不安がありました。コンプライアンス問題への対応などもあって、現場には多忙感や負担感が広がっていましたから、実態調査にどの程度協力してもらえるかと心配でした。「そんな大袈裟なことまでしなくても、広報室の分掌業務になっているのだから、粛々といまの活動を続けていけばよいのではないか」といった現実的な意見も聞こえてきそうでした。

そんな思案を重ねる中で、遅まきながらＣＳＲや社会貢献に関する他社の動向や考え方を調べてみたのでした。

そこで見つけた経団連の定義によれば、「社会貢献活動とは、自発的に社会の課題に取り組み、直接の対価を求めることなく、資源や専門能力を投入し、その解決に貢献すること」とされていました。

この定義の背景には、社会貢献活動は単なる慈善活動ではないという理解があるように思えました。活動を通じて社会との関係を一段と深めることは、会社に社会性と活力を注入することになり、社会的リスクに対する感度が高まる。また、社会の会社に対する好感度が高まり、よりよい社会づくりが進むことによって、会社の永続性が図られる。企業にとってもメリットがある、必要な企業活動であることが示されていました。よりよい社会づくりを進めていくために、一人一人の個人（市民）がその責任の一端を担っているのと同じように、企業もまたよき企業市民として主体的に活動していく責任を担っている――わたしには、そんなメッセージが読み取れたのでした。

この定義に示されている、企業として自立して社会と向き合い、企業の立場から社会の健全な発展を支えて共存共栄していこうとする姿勢に共鳴しました。社内のまだら模様の理解は、やはり何とかしなくてはならないと、あらためて思いました。

課題の整理と「基本的考え方」の原案作成

社会貢献に関する基本的な考え方をまとめるため、課題のリストアップと、J-POWERらしいまとめ方について検討をはじめました。要点として、次のようなものがあがりました。

一つ目は、これまで取り組まれてきた活動の整理とその総括的な把握をすることが必要でした。幸いなことに、何度か現場に行って様子を聞いて意見交換していましたし、各所の取り組みについてアンケートもしていましたので、一定の材料は手元にありました。ただし、気になる点もありました。当時は、J-POWERグループ全体の人員軽量化を進める計画が進展していましたし、コンプライアンスの課題もありましたので、現場からは「これ以上何かやれと言われても、戦力不足で対応困難」との話を多く聞いていたことです。意のあるところをきちんと伝えることが大切と、自戒させられました。

二つ目は、Ｊ‐ＰＯＷＥＲらしい活動領域の検討でした。これまで実施されてきたバラエティに富んだ地域活動を、取りこぼすことなく当社の社会貢献活動として位置づけ、活動の継続をサポートしたいと考えていました。同時に、バックボーンになる、企業理念や企業行動指針といったすでにオーソライズされている考え方との整合性を取り、揺るぎないものにしたいと思いました。

三つ目に、こうした活動は、決して会社のボランティア活動ではなく、「会社にとっても必要な企業活動であること」を、どのように示したらよいか。その表現を含めて検討することでした。先に紹介した「Ｊ‐ＰＯＷＥＲにおける最大の社会貢献は、本業に注力すること」という考え方と、どのように向き合っていけばよいかを考えていたのです。

四つ目は、社員個人が行うボランティア活動について、会社のサポート姿勢をどのように打ち出すかを検討することでした。すでに、ボランティア休暇制度が導入されていましたので、これらの制度の利用状況などを把握しながら、会社のサポート姿勢を定めていく必要がありました。

五つ目は、地域活動と服務の関係を整理することでした。一般的にいえば、こうした活動はボランタリーに実施できればとても美しく映ります。でも、お金（手当）が絡むと、とたんに何かいかがわしく見えてしまう。さりとて、社員に奉仕活動を強要するわけにもいかない。というわけで、なかなかデリケートな課題がありました。

六つ目は、こうした活動の推進機能を、組織上の広報室の担当業務として明確に位置づけることでした。わたしが社会貢献活動の責任者になった際に、分掌業務として「社会貢献に関する事項」の記載を広報室業務に追記していましたが、「やるべきこと」として掲げている以上の意味はなく、「何を、どんなふうに、どこまでやるか」は何も定まっていませんでした。指針としては、まったく十分とは言えませんでした。グループ会社を含めて、広報室がその推進事務局であることを明確にして、広く活動できるようにしたい、永く活動できる仕組み（専任組織）を作りたいと考えていました。

こうしていくつかの課題整理と検討、議論を重ねて、原案を作成しました。

原案の概要は次の通りでした。

①Ｊ－ＰＯＷＥＲグループの社会貢献活動は、企業理念を踏まえた、企業としての活動であることを宣言し、②活動分野としては、「地域・社会とともに」、「エネルギーと環境の共生を目指す」の標語を掲げて、多様な活動を包含できるように工夫しました。

③活動は、息長く継続して取り組むことが大切で、そのために各事業所が身の丈に合った

活動をすることを促し、④同時に、活動は一方通行の独りよがりではなく、幅広く地域の諸団体やＮＰＯなど立場の異なる人たちと協働して取り組むことが、活動の価値向上のために有効であると呼びかけました。⑤また、社員の自主的なボランティア活動を会社が支援することを宣言しました。⑥社会貢献活動の推進事務局としての位置づけは、この考え方の提案と一緒に議論してもらいますが、提案の性質の違いを考慮して別の提案としました。

この提案は、ボトムアップの議論といくつかの表現の修正を経て、２００９年２月に役員会に付議されました。

印象に残っているのは、役員会に提案する直前、好川さんから、「藤木さん、技術の一言を入れたいんですが」と相談されたことです。原案では「エネルギーと環境を大切にする心を育てる活動を通じて、日本と世界の持続可能な発展に貢献します」としていましたが、「心と技術を育てる」に修正したいというのでした。技術屋の好川さんがこだわりを持って、真剣に相談してくれたことがすぐわかりました。もちろん、好川さんの提案通りにすぐに修正しました。

こうした修正を加えて役員会に付議した考え方の提案は、原案通り決定され、２００９年４月１日に「達」として全社に公布されました。

2 社内の理解促進と普及活動

「社会貢献活動の考え方」の普及活動

経営の決定を得たとはいえ、こうした考え方が自動的に広まっていくわけではありません。いわば、看板をかけることができただけです。事業（種々の活動）をはじめて、宣伝し、顧客（社内の認知と理解）を獲得し、さらにはリピーター（共感）やパートナー（協力）を獲得していくことが必要です。

こうした活動に熱心に取り組んで、着実に社内の理解を広げてくれたのが、好川さんの後任で人材公募制度により二代目事務局になってくれた南栄助さんと、阿部さんの後任で異動してきた小林庸一さんでした。

それでは、理解促進と普及のために我々がどんな活動をしたのか、紹介していきましょう。

（1）グループ広報誌による活動紹介

社内向けの活動として最も大きな効果を上げてくれたのは、小林さんをはじめとするグループ誌「Ｊ‐ＰＯＷＥＲｓ」のチームでした。彼らは、毎月発行されるグループ誌に、各事業所の地域活動を紹介する連載コーナーを作り、さまざまな現場に足を運んで取材した最前線の活動を毎月１件ずつ掲載してくれています。２００９年４月からはじまった連載は、２０１５年２月で70回になります。よく続けてくれていると感謝すると同時に、それだけ多様な活動を継続している、現場の皆さんに頭が下がります。

（2）Ｊ‐ＰＯＷＥＲデーの事例発表会

Ｊ‐ＰＯＷＥＲでは、完全民営化（２００４年10月６日に東証１部に株式上場）の原点を振り返るＪ‐ＰＯＷＥＲデーなるイベントを、毎年10月に社内で開催しています。我々は、この催事に合わせ、社会貢献活動事例発表会を実施しています。

当初は、エコ×エネ体験ツアーの紹介と、身近にできるボランティア活動の体験プログラムを、社内のコミュニケーション・スペースで提供していました。２００９年からは、本店の管理部門に現場の活動を知ってもらい、管理業務の中に現場支援の考えが出てくることを期待し、現場の活動を本社で紹介する「事例発表会」をメインプログラムにしています。実施してみると、本社の幹部社員と発表する現場の社員との間に和やかなコミュニケーションができ、貴重な交流の場になりました。

近年は、これに加えて、その時々の話題に関する社外講師の講演を併設するなど、マンネリにならないように工夫して、継続開催しています。

(3) 若手社員体験会

広報室が主催するエコ×エネ体験ツアーも、現場が取り組む地域共生活動も、写真や資料を使った情報提供だけではどうしても伝えられる中身に限界があります。臨場感や、その場で嗅ぎ取る雰囲気、活動している人の思いなど、言葉では伝えにくいことがあります。そこで、南さん、小林さんの提案で、若手社員を対象に社会貢献活動を体験して学ぶ「若手社員体験会」を2011年にスタートし、毎年1~2回実施しています。

内容は、「エネルギーと環境の共生を目指す」とはどういうことかを体感するために、エコ×エネ体験ツアーの三本柱のプログラムを体験して「森と水と電気のつながり」を確認する体験プログラムと、「地域・社会とともに」とはどういうことかを先輩社員と膝を交えてその体験談を聞き、地域・社会と向き合う姿勢を学ぶ懇談プログラム。それに、これらのインプットを踏まえて、自分たちが大切と考える社会貢献活動のキーワードを何ヵ条かにまとめてみるワークショップの３つのプログラムで構成しています。

ことに、地域とのコミュニケーションに関して、グループ会社の株式会社ＪＰハイテックの鳥越干城《たてき》取締役の話はとても好評です。

鳥越さんが新入社員時代に勤務した松浦火力立地事務所は、建設計画の発表当初に、地元漁協の反対があり、長い間、立地活動が進まなかったところです。「Ｊ‐ＰＯＷＥＲの人とはお会いしない運動」が展開されている最中に、鳥越さんは、断られても断られても漁協の方々のご自宅を訪ね歩いたそうです。また、関係する方が出入りすると聞けば、喫茶店や居酒屋、スナックなどに出かけて顔を覚えてもらうといった取り組みを続け、コミュニケーションの糸口を切り開いたという経験をしています。竹原火力発電所勤務の際には、Ｊ‐ＰＯＷＥＲで初めて発電所開放イベントを主導されてもいます。

そんな先輩社員の鳥越さんの話は、新規発電所の開発計画が少なくなってきている今日、若手社員にとっては刺激に満ちた体験談のようで、毎回、若手社員からは各自の思いがこもった振り返りコメントが寄せられます。

（4）社会貢献活動通信の発行と現場懇談

２０１０年から、年に1回、社会貢献活動通信を全グループ社員に向けて発行しています。内容的には、制定した「考え方」と4つのキーワードの紹介、会長、社長、副社長といったＪ‐ＰＯＷＥＲトップのメッセージ、その時々の話題に関するインタビュー、各地の活動の様子、全グループアンケートの結果の紹介、広報室社会貢献事務局の役割紹介といったもので、表紙を含めて8ページの構成です。

また、ＤＶＤも並行して作成していますが、これは研修・懇談用で、Ｊ‐ＰＯＷＥＲの社会貢献活動の考え方、経団連の定義との対比、活動をよりよくするための4つのキーワードを視覚的にわかりやすく解説するとともに、全国各地の事業所で取り組まれている活動を紹介する内容になっています。

現場懇談会は、わたしたちが年に数回、現場の事業所や支店を訪問して、社会貢献活動に関して懇談する理解促進活動です。現場懇談では、作業や点検などで忙しい中、現場の事業所に時間を割いてもらい、情報提供したり、先に紹介したＤＶＤを見てもらったりしながら、現場の取り組みの工夫や課題などについて実情を聞く目的で実施しています。顔を合わせ、膝を交えて懇談すると、それぞれの現場にそれぞれの悩みや課題があること、そうした中で、工夫して継続していることがよくわかります。

たとえば、若手社員や地域との窓口になっている担当者からは、「活動に理解のある特定の人だけの活動になってしまっている」「広く皆さんに参加してもらうためにはどうしたらいいだろうか」「所長が参加してくれた時は盛り上がりました。やはりトップの後押しや率先垂範は大きいですね」といった話が聞こえてきますし、管理職のベテラン社員からは、「顧客である電力会社さんから、需要の少ない休日に電気の停止作業を求められることが多いという現実もある。また、労働組合との時間外協定もあり、休日に行われる地域との交流イベントには役職者中心に対応せざるを得ない状況もある。役職者には単身赴任の人も多く、いろいろ気づかいながらシフトを組んでみたりしている」といった悩ましい話を聞かされることもあります。

現場懇談に行くことで、個々の活動の取り組みや悩みを話してもらいながらも、その背後にある地域に対する現場の皆さんの温かい思いに触れることができます。毎回、現場の皆さんから元気をもらえるせいか、小林さんも南さんも先を争うように懇談会を計画し、機会をセットしてくれます。

（5）その他の取り組み

以上の活動のほかに、社内ブログ「CO《コ》-COB《コブ》」を使った双方向の情報交換、新入社員研修での講義、全グループの事業所を対象にするアンケート調査（毎年）、ボランティア体験会（毎年2月から6月頃まで、月に1回、計5回程度）などの取り組みを行っています。

2011年から実施している定例のアンケートは、多少項目は入れ替わりますが、定点調査と位置付けています。調査結果は、毎年発行される「社会貢献活動通信」に2ページを割き、グラフを使って見やすく、前年度との対比もわかるように紹介しています。

ボランティア体験会は、本社がある東京銀座では身近にボランティア活動の機会がないという社員の声に応えて開催しているものです。NPO法人のハンガー・フリー・ワールド（HFW）の協力を得て、カウント・ボランティア（CV）の体験をしてもらいます。CVは、毎年お正月に、HFWに寄付される切手や書き損じハガキ、グリーン・スタンプなどの換金可能な切手類を、切手であれば金額別に整理して台紙に貼り付け、換金額を集計する作業です。こうして整理したものだけが郵便局で換金してもらえるそうで、換金したお金は、HFWが飢餓のない世界を目指して途上国などで活動する資金に充てられます。体験会では、HFWの現在の活動の状況、途上国の現状なども紹介していただき、参加する社員にとって貴重な自己啓発の機会になっているようです。

専任組織化をめぐる顛末

さて、考え方と一緒に議論してもらった、社会貢献活動の推進事務局の位置づけについて触れておきます。

２００７年に社会貢献活動を開始した当初は、従来の広報室の分掌業務に「社会貢献に関する事項」の文言を付加して、広報室業務として実施することになっていました。しかし、分掌業務は「やるべきこと」を掲げている以上の意味はなく、「何を、どんなふうに、どこまでやるか」については何も示していません。そこで、もう少し明確な指針を定め、広報室がＪ‐ＰＯＷＥＲグループの社会貢献活動の推進事務局であることをはっきりさせて、広く永く活動できるようにしたいと考え、提案したもので、専任組織として、その組織上の位置づけを明確にしようとするものでした。

しかし、結論から言うと、この提案は却下されてしまいました。

当社のＣＳＲに関しては、総括は経営企画部がつかさどることを分掌事項に定めています。そして、情報の適時開示に関しては、ステークホルダーとのコミュニケーション業務の一環としてＩＲ（Invester Relation）グループと広報室が受け持ち、ガバナンスやコンプライアンスについては、総務部と業務監査部が受け持つという実態がありました。そのため、社会貢献活動に関してだけ専任部署を置くという提案は、「組織的に、バランスを欠く」「そこまでの必要はないのではないか」という関係者の認識から、専任部署の設置には至りませんでした。

その結果、考え方の制定と同時に提案した「社会貢献活動の推進事務局としての位置づけ」の提案［*］は、「達」の添付文書として発信されるにとどまりました。広報室が何にどう取り組むのかという具体的機能の整理は、最低限、明らかにできたともいえますが、「他の組織との平仄《ひょうそく》が合わない、バランスが取れない」といった形式的、消極的な理由での専任組織の設置提案の却下には、「考え方を制定したばかりなのに」と情けない思いを味わいました。

いずれにしても、報道対応、広告制作などの広報室の主務業務の中で、この活動を埋没させないために、社会貢献活動推進の旗振り役を務めるべく、気持ちを切り替えて取り組むことが必要でした。

*グループの社会貢献活動の総括的推進事務局としての広報室の機能
①グループ内の社会貢献活動に関する情報収集、発信を通じて、それぞれの活動を支援する
②社会貢献活動に関する相談窓口機能、支援機能を受け持つ
③自主プログラム（エコ×エネなど）を主催し、その情報発信する
という三つの柱で基本的に担当すべき機能が整理されました。

その後、2012年1月、会社の創立60周年に合わせ、社会貢献活動を長く継続する仕

組みを作ってはどうかとあらためて提案しました。

経営の肝いりではじめた当社の社会貢献活動について、一定の活動を経て実績も積み重ねられていましたし、自主プログラムもメニューが揃ってきていました。また、情報共有や情報発信を通じた現場機関の理解も徐々に進んでいましたので、この機会に、継続できる仕組みに改編すべきではと考えたのです。他社にも多数事例がある財団化を検討する「社会貢献財団」（仮称）の設立提案と、経団連の１％クラブ（法人会員は経常利益の１％、個人会員は可処分所得の１％を社会貢献活動に支出し、永く活動を支える目的で設立）のように、活動規模の目途を持ち、経営の積極的意思を明示してはどうかと提案したのです。

この財団設立の提案は、実際に巨額のファンドを作るというものではありません。財団の看板を作り、毎年、一定規模の財団への寄付（毎年の活動予算相当）を継続します。そうすることで、実質的に現状の人員配置で経費負担を増やすことなしに、経営の意思と活動の〝見える化〟が進められるのではないかと考えたのです。

この提案に対する関係者の意見は、「社会貢献活動は、それぞれの組織が取り組むべきものだが、専任組織を作ると、その組織の〝お仕事〟になってしまうのではないか。ほかの組織は、当該の組織からの依頼や指示がないと動かなくなってしまうことが懸念される」「組織にすると、組織目標に対する実績を作り出すことが優先されたりして、パフォーマンス先行になるなど、せっかく地道にうまく行っている今の活動が変質してしまうことを懸念する。いろいろなややっかみも出てくる」というものでした。

地域共生活動に関しては、現実に地域と向き合って活動をしているのは現場ですから、専任組織からの依頼や指示がなければ現場が動かないという状況は考えにくいと思われました。ただ、地域共生活動を含む社会貢献活動を推進する専任組織ができると、現場機関を束ねている水力発電部や火力発電部、流通事業部との間で、業務の優先順位をめぐる「食い違い」や「指示待ち」「お見合い」による「ポテンヒット、エラー」が生じる可能性は否定できません。また、そうしたポテンヒットを防ごうとすると、調整業務が増えてしまい、貴重な人員や時間を取られてしまう懸念もありました。総じて、組織化の光と影をよく知り抜いた意見かとも思いました。

活動の規模について何らかの目途を持つという提案については、会社収支を管理する立場から、「経営の肝いりといえども、あらかじめ一定枠を支出するとの約束はできない」との強い反対があり、会社の収支管理上のフリー・ハンドを確保しておきたいとの強い意志が示されました。

そうした意見交換をする中から、「会社の組織規程上の組織にするのではなく、経営トップが関与する会議体の一部に位置づけて、それを看板にしてはどうか」との意見が出てきました。

もともと提案の趣旨は、組織的な位置づけを得て活動を〝見える化〟し、継続性を確保したいということでしたが、具体的には、組織的な協力依頼、相談、報告などをスムーズに進めて、こうした活動が本業を進めるうえでも必要な企業活動であるとの理解を広げたい、そのためにも他部門との連携を柔軟に進めたいとの考えがありましたから、組織規程上の組織にこだわる理由はもとより強くはありません。

結果的に、副社長を座長とする環境経営を推進する会議体の下部機関として、「社会貢献活動部会」を立ち上げ、組織的位置づけとすることになりました。

そんな議論を経て立ち上げた社会貢献活動部会は、2012年7月に第1回部会を開き、年間計画、中間報告、外部動向（経団連の定例調査）報告、グループのアンケート調査報告、年間活動の実績報告など、一定の活動内容の周知と外部動向の紹介、協力依頼の仕組みとして、四半期に一度のペースで開催しています。

こうした組織的な器を活用して、今後、他の部署とどのような連携が可能になっていくのか、認識の共有化を進めていけるのかなどを、具体的に考えていくことが、引き続き、とても大事な課題になっています。

3　CSRと本業の壁

CSR私見

エコ×エネに関わるようになって、キープ協会、経団連の社会貢献担当者懇談会の方々、立教大学のESD研究所所長・社会学部教授の阿部治先生をはじめとするスタッフの先生方、NPO法人日本NPOセンターの方などと交流させていただく中で、「ESD」（持続可能な発展のための教育 Education for Sustainable Development）、「新しい公共」などの新しい提案に接し、いろいろ勉強させられることがありました。

私自身、会社の民営化に際しては、会社事業への我々社員の主体的な関わり方について深く考えさせられましたし、もの言う株主から「会社はもっと株主に利益を還元すべきだ」と増配要求を突き付けられた時には、企業というものの本質についてこれまた深く考える必要がありました。ここ十数年のそんな自分自身の経験を総ざらいしつつ、あらためて企業と社会の関わり方を考え直すよい機会でもあったのでした。

そういう体験の中から、わたしは、CSRとは、健全な企業活動の中で実践され、育まれていくもの。だから、ＣＳＲは、本業の中にこそ存在するし、本業との関連なくしてＣＳＲ活動は存在しない。日常の業務が担っている社会的価値や意義を理解し、感じ取り、自覚すべきものと考えています。そして、その活動は、企業の経営資源を生かしたその企業らしい活動であるべきと考えていますから、「ＣＳＲ（企業の社会的責任）とは、本業を含めたあらゆる企業活動を通じて、身の丈に合わせて、よりよい社会づくりのために自発的に取り組む責任」と理解することが適切であると考えるに至りました。

ですから、社会貢献活動については、特定の部署だけが取り組むのではなく、会社のそれぞれの部署、部門で取り組むべき活動と考えています。ただし、取り組みの態様、テーマ、手段・方法、具体的活動の頻度やお金や人の投入の具合などは、それぞれの身の丈に合わせて実施することが適切です。決して一律に○○を△△のように実施すべきと指示するようなことはせず、それぞれの部署や事業所の自主性を尊重し、社会性の気付きを促して活動を支援し、体質化していけるようにすることが最も大切ではないかと考えています。

実際には、何らかの活動を実施しようとすると、本業の業務との関係でいろいろな課題が出てきます。そこで発生する個々の課題を解決し、克服していくプロセスこそが、会社の力量と社会性を高めていくのではないかと思います。

この章では、わたしがエコ×エネ体験プロジェクトに関わるようになって経験したこと、考えたこと、困ったことなどの例を引きながら、ＣＳＲと会社の本業の間に存在するさまざまな課題――「ＣＳＲと本業の壁」について考えてみます。

利益の認識とＣＳＲ活動

どのような会社でも、会社の本業を担う部門と本業を支えるサポート部門があります。たとえば、Ｊ－ＰＯＷＥＲなら発電、送電、変電、給電指令を担う通信部門が電力の安定供給という本業を担う部門で、安全衛生や技術開発、人材育成、環境管理、資材燃料調達、資金調達管理、労務管理は本業を支えるサポート部門になります。そして、これらの部門が相互に連係し、滞りなく分掌業務を執行することで、電気を安定供給しています。

では、こうした各部門の連係によって達成されている本業とＣＳＲ活動（ガバナンス、情報の適時開示、社会貢献活動、コンプライアンス、環境保全や管理活動など）を、どのように関係づけて理解すればよいでしょうか。

前述したように、わたしは「ＣＳＲ（企業の社会的責任）とは、本業を含めたあらゆる企業活動を通じて、企業が身の丈に合わせて、よりよい社会づくりのために自発的に取り組む責任」と考えています。ですから、会社のすべての部門がそれぞれに連係して抜かりなく本業を推進し、同時に情報開示、社会貢献活動、コンプライアンス、環境保全や環境管理活動などに取り組み、その連係を基礎に社会の期待に応え、信頼を獲得し、本業の円滑な発展に貢献する、さらに本業の発展によって、また社会の信頼も増すといった「良循環」が生まれることが理想と思っています。しかし、現実にはなかなかそううまくはいきません。何がそうさせない原因になっているのでしょうか？

一つは、「企業に期待されているのは、利益／経済的価値の創出である」という認識を強く持って（持ち過ぎて）いるからではないかと思います。「会社の目的は、利益を出すことではない。利益は手段である」と認識しているわたしでさえ、利益を出せない企業は問題ありと考えていますし、利益を出せないことは、株主をはじめとするあらゆるステークホルダーに心配をかけ、不安にさせることになります。ですから、企業は着実に利益を生み出すことが必要です。

利益よりも重視されるべきものを挙げるならば、唯一、安全（労働災害だけでなく、環境事故、設備事故なども含みます）でしょうか。安全が確保されずに事故が起きると、本業の電力の安定供給に支障が出ますから、安全の確保は最優先課題です。安全の次に重視されるべきは、やはり会社の成長の源泉になる利益を生み出すことだと思っています。

利益に関する認識の観点から、本業部門と本業を支えるサポート部門について、その位置づけをみてみましょう。

本業では、まず、労働災害を起こさず、環境事故や設備事故から発電支障が起こらないようにすることが求められます。そして、できるだけ効率よく設備を稼働させ、電気の安定供給を行うこと、売り上げを伸ばすことがミッションの中核になります。したがって、電力供給ができないという事態にならないよう、安全管理、設備の点検・保全、設備の修繕や更新投資を適切に実施していくことが求められます。そして、その業務を実施していく中で、できるだけコストを削減することが求められます。

一方、サポート部門では、資材や燃料や資金を調達するなどの業務があります。これらの業務では燃料輸送の安全管理といった課題もありますが、基本的なミッションは、調達してくる資材・燃料・資金の品質と調達安定性を考慮しながら、コストミニマムを追求することです。また、人材育成、技術開発、広報宣伝などの部門では、本業が生み出す利益とその業務にかかる費用とのバランスの中で、その時々の事業環境を踏まえ、個々に予算が措置されたり、人員が配置されます。

つまり、人材育成、技術開発、広告宣伝といった部門の業務は、戦略的に会社の将来を支える大事な仕事ですが、競争が激しくなったり、会社の収支が厳しくなると、研修の頻度、技術開発のペース、業務の内容などが見直され、予算が抑制されがちです。長期的観点から着実に進めるべき仕事ですが、短期的には利益管理のショックアブソーバにされがちといったら言い過ぎでしょうか。

そして、さらに困難な事態になると、本業の設備の修繕費、更新投資に関しても、先送りや必要規模、工法の工夫、範囲の縮小などが検討されることになります。本業や本業を支える大事な業務でさえ、こうした傾向があるのですから、ボランタリーな活動、企業の慈善活動といった認識があるＣＳＲ活動、社会貢献活動に関してはますます厳しくなりがちです。

エコ×エネは、小さく産まれて大きく育ってきましたが、２０１０年だったでしょうか、広報予算削減とともに、社会貢献活動も広報室の一部門として予算カットを余儀なくされました。いろいろなやり繰りをしてしのぎましたが、そう大きくない活動規模での大幅な予算の一律カットは、本当に厳しいものがありました。

本業における多忙感

利益に関する認識のほかには、本業に多忙感があると、どうしても社会貢献活動は二の次になりがちですし、実際、そうなってしまいます。

わたし自身は、本業優先（本業を実施する中で、社会的な価値向上も併せて達成していきたい）と考えていますから、本業に支障を生じるような社会貢献活動は見直すべきと考えています。しかし、社会貢献担当（社会貢献活動部会長）という肩書きを持っていると、なかなか額面通りに受け止めてもらえず、わたしから声が掛かると「何かやらされるのではないか」という警戒感に出くわすこともあります。会社組織の中では、どうしても立場で話すことが決まってくる、立場にあった発言が求められるということがあります。ですから、先入観ができてしまうことは、ある程度、仕方がないことかもしれませんが、とても残念なことです。

そうしたことも踏まえて、率直に、「身の丈に合った活動を考え、継続しましょう」と呼びかけることの大切さをあらためて認識しています。なぜなら、これまでの体験から、一過性の華々しい活動は長続きしにくいと感じるからです。無理・無駄・ムラが出ないように、「身の丈に合った活動」を志向して継続することが、こうした活動の理解を広げ、共感して参加してくれる人を増やし、徐々にであっても社会的価値を高める王道であると思います。

善意だけでは現実に対応できない⁉

きれいごとでは現実の課題解決に役立たないとの認識があり、ＣＳＲ活動／地域共生活動を素直に受け入れてもらえないということもあります。

Ｊ‐ＰＯＷＥＲの社会貢献活動の考え方では、取り組むべきテーマの一つに「地域・社会とともに」を掲げています。地域の理解と協力を得て事業を実施できている現実を踏まえて、地域・社会との共存共栄を理念に、身の丈にあった活動をして、地域から親しまれ信頼される存在になることを目指そうという宣言で、いわば、基本的なスタンスの表明です。

この宣言自体を正面から否定する人はいませんが、「現実の課題は善意だけでは解決できない」と感じて、「餅は餅屋に任せてくれ」と考える人は少なくありません。

実際に、地域との間には、個別に行政や関係者の方々と折衝、協議して解決を探っていく課題が多々あります。発電ダムから農業用水などを分水している電力所では、水の利用者の方々と分水費用の負担協議を毎年行っています。高圧の送電線下では、居住用の建物の建築が制限されていますから、地役権を設定させていただいてその制約の補償としていますし、送電線の点検のために山林所有者の方の立ち入り承諾が必要になります。また、大きくなって送電線の保守基準に抵触しそうになった樹木（接近木）の伐採交渉（補償）を行うなど、電力設備の保安に関連する個別の折衝や交渉では、地域の方々と利害が対立する場面もさまざまに出てきます。ですから、社会貢献活動の考え方を制定した直後に、「厳しい交渉課題を抱えている事業所の現実と、理念的な社会貢献活動の考え方にはギャップを感じる」との意見に遭遇することもありましたし、「社会貢献は、地域との関係で、きれいなところ、美味しいところだけつまみ食いしているのではないか」と誤解されることもありました。

本質的には、地域と向き合う姿勢を整理した社会貢献活動の考え方は、基本的なスタンスや原則を指し示すものであって、企業理念と同じようなものです。ですから、そのケースごとの状況や条件を勘案して進められる個別の協議や交渉が暗礁に乗り上げてしまうような場合には、その打開策を考える糸口になることがあっても、個別交渉の足かせになることはないと思います。しかし、実際には、「総論は理解できるが、各論の解決や交渉の足かせになりかねない」との認識も働くようで、まだまだ理解のまだら模様があります。「きれいごとでは現実の課題解決はできない」との意見があることをしっかりと認識しつつ、どうしたらその誤解を解いていくことができるのか。理解促進、啓蒙活動の大きな課題があると受け止めています。

組織人としての行動様式にまつわる違和感

行動様式の違いがあることも、初めて参加する人が戸惑いや違和感を感じる原因かもしれません。本業の活動とＣＳＲ活動、とりわけ地域の方やＮＰＯの方と協働する機会が多い社会貢献活動には、会社の組織行動とは少し違う要素があるので、違和感を感じて敬遠される場合があるのでしょう。

たとえば、地域のお祭りに参加する場合などでは、一緒にお祭りを楽しむつもりでいないと盛り上がりません。小学校などへの出前授業では、子どもたちの目線で話すことが必要ですし、子どもたちの興味を引き出して乗せることが大事です。電気の話を正確に伝えようとするあまり、難しい言葉や表現になって、子どもに「わからない」と興味を失わせては元も子もありません。その場の雰囲気が大事で、機転を利かせたり、笑いを取るテクニックも必要です。

誤解を恐れずに言えば、組織人としての行儀作法よりも、個性や個人プレーの要素が高く求められることがあるということです。組織のタガを外す／外れることに親和性がある人とそうでない人では、居心地が異なるといえばよいでしょうか。

「手応えは、実感するしかない」という現実

手応えはやってみなければ実感できないという事情もあります。その場に身を置かなければ感じ取れないものが確かにあるのです。

Ｊ－ＰＯＷＥＲでは、「地域との共生」が活動テーマの一つですから、それぞれの現場でそれぞれの事情を抱えながら、身の丈に合わせて地域活動に取り組んでいます。発電所開放デーなどでは、「準備はたいへんだったけど、地域の方に喜んでいただいて、ありがとうと言われたら〝来年もやろう〟と思いました」という感想が多く聞けますし、その実感が社員の励みになっています。

しかし、東京銀座にある本社では、場所柄もあり、地域活動はほとんどありません。それはそれで致し方ないと思いますが、現場を管理しサポートする本店の執行部と、全社的な観点から経営をサポートするコーポレート部門が、実際の地域交流活動の手応えを実感として感じ取ることができないのが、ＣＳＲ活動と本業との間に何かしらの距離感を作り出しているのかもしれないと感じます。

実感とか意識といった、とらえにくいことを原因に挙げるのは潔しとしないところがありますが、やはり、理解促進、啓蒙活動、体験参加の呼びかけを地道に継続するしかないと考えているのが現状です。

ＣＳＲには評価尺度がない⁉

ＣＳＲには評価尺度がないという困った課題もあります。会社は利益を出すことが最も大切と考えている人の中には、ＣＳＲ活動はきちんと評価ができないという人がいます。定量評価に馴染まず、定性評価をするにも、その物差しがはっきりしていないから、何を、どこまで取り組むか、決めにくいというのです。したがって、目的的・功利的に考えて、「ちゃんとそういう活動にも取り組んでいると、外部の方やステークホルダーの方が認識できればそれでよい。それなりの活動で足りる」（わたしはこの意見をアリバイ論と呼んでいます）という認識を持つ人もいます。

つまり、企業の経済的価値、経済活動に関しては、さまざまな物差しがあって評価・分析し、改善策を練っていくことができるが、企業の社会的活動の価値については確固たる物差しがなく、評価が難しい（できない）、という課題です。先に触れたように、「確固たる評価ができないのなら、世間体として一定の評判が保てていればそれでよい」「相応の費用もかかるのだから、社外の大事な関係者の方に問われた時に、かくかくしかじかと話せる程度に活動されていればよい」との考えがここから生じます。

実際に、有効で確固たる物差しを持つに至っていないので、どういわれても仕方ありませんが、こうした場面に出くわすたびに、CSR活動についてまだまだ認識が低いなあ、浸透していないなあと情けなく思います。同時に、きちんとした物差しを持つ必要性を痛感します。

一般のB to Cの会社であれば、会社の社会的な評価が商品の売れ行きに影響があることを実感できるのかもしれません。しかし、卸電気事業のJ-POWERでは、製品サービスを通じて直接社会とつながっているわけではないので、なかなか世間の評価を得られにくい、業績を通じて社会の評価を推測することも難しいという事情もあり、物差しをどう作るか、持つかは、とても大事で難しい課題なのです。

4　企業と組織、そして人

「本業の壁」はどの社にもある⁉

わたしが感じた本業の壁は、わたしだけではなく、他社の方も同様の課題に戸惑い、悩ましく思っているようです。

社会貢献担当になり、エコ×エネとの出会いをきっかけに、環境教育に携わるさまざまな団体、企業、個人の方に出会いました。また、経団連の社会貢献担当者懇談会に参加するようになって、ＮＰＯの方、企業で環境やＣＳＲ関係の業務に携わっている方、大学の先生、経営者、団体の職員の方、行政の方、メディアの方など、ますます多くの方にお会いします。

ワークショップの後や懇談会などで、他企業の方とあれこれ話をすると、こんなつぶやきが聞こえてきます。

「会社がどこまでやる気なのかはっきりつかめない。異動も多いし、仕事として失敗しないように関わっている感覚です。前の仕事にいつ戻るかもしれないし……。そうした中で、自分の立ち位置を決めかねています」

「活動予算が、会社の収支状況で変動しかねない。そんな中ではNPOとの協働事業に明確にはコミットしにくい。もしかしたら、相手に迷惑をかけるかもしれない」

「トップは熱心だが、組織にその熱意が浸透しているわけではないので、一つ一つ説明して進めていかなければならず、たいへん手間暇がかかる」

「同業他社はどうしているのかと必ず他社動向を求められる。他社と同じことをしていては差別化にならないし、一歩先ゆくために新しいことに取り組んでいるのに、他社動向を求められ、〝なぜそこまでやるの？〟と問われると、〝会社の本業じゃないんだから、そこまでしなくてもいいんじゃない〟と言われているように受け止めてしまう」

「組織の中に、本業とは違う仕事という認識、言いかえれば〝mustではない、それなりにしていればいい仕事〟という認識がある。そんな中で、環境やCSRの仕事を進めているので、〝敵は社内にあり〟と思うこともしばしば」

なんとなくそれぞれの方が置かれている状況が察せられます。

J‐POWERの社会貢献活動のこれから

石炭火力を主力事業の一つにしてきたJ‐POWERでは、環境保全は本業と表裏の課題ですから、環境意識は比較的高いと思います。でも、ＣＳＲや社会貢献といった課題に対しては、やはり、「本業こそが社会貢献」という意識もあり、エコ×エネのような活動は慈善活動との理解が一般的で、「企業にとって必要な活動」という理解は当初、ほとんどなかったと思います。

ことに、会社にとって新しい活動を開始する個々の場面では、これまでに経験したことがない課題に直面しますし、現在の組織の認識や理解、行動原理とそりの合わない課題も発生します。上司にとっても初めての課題ですし、従来の仕事で忙しいことも多いので、逐一上司にホウレンソウ（報告、連絡、相談）するのも、時にはばかられます。どうしても担当する人が自分で考え、多くの意見を聞き、勉強して、自分の意見や提案にまとめて、肝心なところは相談して進めて行くことが必要になります。

会社の中では、一つ一つ上司に確認して組織的に進める手法はよく採られますし、堅実な常道です。このため、会社がこれまであまり経験していないことに取り組む場合には、まずは組織の理解を広げるために、講演会や研修会を開き、その上で具体的な活動をはじめるというプロセスを考えがちです。でも、それでは仕事にスピード感が出ません。そもそも組織は、従来の業務目的を達成するために最適な業務分掌や行動原理を持っていますから、新しい課題に対しては保守的になりがちです。

エコ×エネを進める当初は、阿部さんたちが時間をかけて相応の準備をしてくれていましたから、組織理解を得るために時間をかけて、体験型教育の新鮮さを失ってはいけないなと思いました。そこで、会社の民営化に際して主導していたCI活動（Corporate Identity／J-POWERらしさを作り出す活動）でとりまとめたYG宣言（創造、提案、決断、実行を大事にしようとの呼びかけ）の考えを参考にして、まずは実行し、その中で改善していけばよい。体験型活動の新味を活かせるように、まずは実行することを大事にしよう。そう考えたのでした。

したがって、活動の実績や結果は、適宜、報告していましたが、宿泊行程の採用、御母衣への水平展開などは、年度の予算編成時などに基本的な考えを説明して、具体的なプログラムの設計などの詳細は任せてもらって進めてきました。そうしたこともあって、外に向けては、プロジェクトの一定の成果や存在感をスピーディーに発揮することができたと思いますが、反面、グループ内での理解はあまり広げることができないでいました。

そういう意味で、好川さんが提案してくれた「J-POWERグループの社会貢献活動の考え方の制定」は、とても意味のある、時宜を得た提案でした。制定後に、小林さん、南さんが熱心にグループ内の認知と理解獲得に取り組んでくれたことは、先に紹介したとおりです。

本書執筆時点では、エコ×エネのスタートから8年が、また、「考え方」の制定から丸5年がすでに経過しています。まだまだ本業の壁は高く厚いと感じます。他社の方がお話ししていたように、本業の経営戦略や予算措置の加減で、これからもいろいろな波乱があるだろうと思います。しかし、継続することを大事にして、小さな成功を積み重ね、壁を乗り越えるのではなく、壁と同化しながら、着実に壁を低くしていけるように取り組みたいと考えています。

5 ＣＳＲに関する最新の動向

ＣＳＲに関して、近年、ＩＳＯ２６０００の制定と発効、ＣＳＶの提案という二つの知っておきたい動きがありました。また、ＥＳＤについては、２０１４年8月に「ＥＳＤ地球市民村　ＥＳＤの10年地球市民会議」（以下、地球市民会議）が開催され、11月にはユネスコ世界会議が開かれて、その場で「企業によるＥＳＤ宣言」が発表されています。

それらの動きは何を意味しているのか、その背景も含めて、この章では「ＣＳＲのこれから」について考えてみたいと思います。

ＩＳＯ２６０００の制定と発効

ＩＳＯと聞くと、品質管理のＩＳＯ９００１、環境管理のＩＳＯ１４００１を連想する方も多いと思います。そして、守るべき基準が厳格に定められていて、その基準に適合する管理システムを構築して認証を取得すること。そして、その認証を維持するために、型にはまった業務執行が求められ、その実施記録を文書に残すなどの管理業務が増大してしまうといった窮屈さ、負担感を連想する方もいらっしゃると思います。

しかし、ＩＳＯ２６０００では、「認証する」という建て付けではなく、さまざまな環境や状況の中で、あらゆる団体や組織に広くＳＲ（Social Responsibility／社会的責任）を自覚して前向きな取り組みを促そうとの狙いから、手引き（ガイダンス規格）という位置づけでまとめられています。

では、なぜ、ＣＳＲについて国際的に標準となるもの（国際規格）が必要とされたのでしょうか。

ＩＳＯ２６０００の制定と発効の背景には、世界の持続可能な発展を阻害する要因として、貧困や経済格差の問題、女性差別や児童労働などの人権問題、貧困などに根差す環境破壊（森林の乱伐など）などの深刻な問題が発生しており、これらをこのまま見過ごしにはできないという世界共通の危機感がありました。そして、これらの課題解決のためには、企業だけでなくあらゆる団体、組織が、「世界の持続可能な発展（ＳＤ／Sustainable Development）」に貢献するために、それぞれの能力、規模、立ち位置に応じて取り組むとの固い意思を共有すること、取り組みを進めるために具体的な基準を持つことが必要との認識が形成され、ＩＳＯ２６０００の制定に至ったのでした。

２０１０年11月に発効したＩＳＯ２６０００は、その策定に至るまでに10年近い時間をかけ、産業界、政府、労働者、消費者、NGO／NPO、その他有識者等の6つのカテゴリーの作業部会を構成し、最終的に99ヵ国が参加して膨大な議論を積み重ねて策定された、世界の認識標準と言えるものです。

ISO26000の特徴と構成のポイントは——

①CSRに関する国際的な定義が示されたこと
②認証規格ではなく、手引き（ガイダンス規格）として設定されたこと
③社会的責任に関する7つの原則が示されたこと
④考慮、対処すべき7つの中核主題とこれに関連する個別課題が示されたこと

——にあります。

それでは、ISO26000の7つの原則と7つの中核主題を概観してみます。

7つの原則は——

①社会、経済、環境に対して与える影響について説明責任を負うべきであること
②透明性を高めるべきであること
③倫理的に行動すべきであること
④自社の関係者（ステークホルダー）の利害を尊重し、よく考慮し対応すべきであること

⑤法の支配の尊重が義務であると認めるべきこと
⑥国際行動規範の尊重
⑦人権を尊重し、その重要性と普遍性の両方を認識すべきであること
――が示されています。

ＣＳＲの基本的なセオリーである経済・社会・環境という観点から見たとき、自らの組織（企業）とその活動はどういう意味や影響を持つのか。このことをよく考えて行動し、関係者に対して説明する責任を担っていることを、７つの原則は明確に宣言しています。

７つの中核主題としては――
①組織統治
②人権
③労働慣行
④環境
⑤公正な事業慣行
⑥消費者課題
⑦コミュニティへの参画とコミュニティの発展
――が提示され、それぞれの中核主題に数個ずつの個別課題が示されていて、合計で36

個の個別課題が提示されています。

日本では、2012年3月に、JIS Z26000として国内規格化されています。わたしはまずこちらのほうを読んでみました。でも、正直に言って、とてもわかりにくい。英文自体が規格文書として厳密で固い表現になっているのでしょう。それをそのまま翻訳している印象で、とても日本語とは思えないわかりにくさがありました。

はじめてISO26000の勉強をしようとされる方には、『ISO26000を読む』(関正雄著・日科技連出版社)をお勧めします。関さんは、日本の産業界の代表として、規格作りに5年間尽力されました。規格制定の裏表を知り尽くした方が、ISOの意味、その活用についてわかりやすく紹介しています。

ISOの7つの原則をしっかり認識して、組織統治の中核主題をベースにしながら、人権、労働慣行、環境、公正な事業慣行、消費者課題、コミュニティへの参画とその発展を考慮していくという考え方は、ついつい経済的な利益創出にウェートを置きがちな企業活動の中で、CSRに取り組む基本的で総合的なものの見方、考え方を教えてくれているようです。

日本ではまだまだ注目度が高くないとはいえ、ISO26000は、世界規模での地道な議論を積み重ねて形成されてきたものですから、持続可能な社会を実現するために、世界が共有する危機感の表明であり、世界の共通認識であるといえます。ですから、情報やビジネスのグローバル化に目を向ける際には、こうしたものの見方、考え方が世界の共通認識となっていることもあわせて留意すべきでしょう。グローバルにビジネスを進めて行くために必要な認識であり基本的な態度であるとの自覚なしには、本当の意味での「ビジネス」を実現することにはならないのではないかと思います。

ＣＳＶ（Creating Shared Value）の提案

二つ目の新しい動きは、ＣＳＶという新しい概念が提案され、一部には、「ＣＳＲからＣＳＶへ」といった見解が流行しつつあるということです。

「ＣＳＶとはハーバード大学のマイケル・ポーター教授が提案する新しいＣＳＲの概念」と紹介されることが多いようですが、実際にはネスレ社など、自社のバリューチェーンの中でさまざまな関係者に働きかけて、競争力の強化と社会貢献活動に同時に取り組むなどの先駆的な活動事例がすでにあるようです。

ＣＳＶの概念は、「経済価値と社会価値を同時に実現する」ことを目指すもので、企業が一時的な財務利益の最大化を目指すあまりに、その活動が、社会、環境、経済の諸問題や世界的な危機を招いているというポーター教授自身の危機感が背景になっているようです。同教授は、事業を通じて社会の諸課題の解決（社会価値の実現）に取り組むことで、事業の正当性を取り戻すと意欲的に考え、提案されたようです。

企業の活動、とりわけ「本業を通じて持続可能性を高める、社会的価値を実現しよう」との考えにはとても共感できます。

ですが、一部では、「儲かるＣＳＲ」との誤解も生じているようです。また、競争戦略の提案との受け止めが一般的ですし、わたしも実際にはそうだと思います。ＣＳＶについては、ＮＰＯなどの企業以外のセクターからは、「事業性を強調するあまり、安全や環境の保全、技術や技能の維持、労働慣行の適切化、公正な事業慣行の保持といったＣＳＲ本来の観点が軽視されることになるのではないか」との危惧が示されていることも、理解できるところです。

しかし、わたしは、これまで「本業とは別の、企業の慈善活動」といった認識（誤解）が大勢を占めているＣＳＲについて、「事業を通じて実現するＣＳＲ」が提案された意味は、とても大きいものがあると考えています。こうした著名な経営学者が提案するＣＳＶは、これまでの誤った認識を修正してくれる大きなインパクトを持つのではないかと感じています。提案によって、本業を通じて社会課題を解決できるように多様な観点からビジネス・チャンスを探る動きが出てきたり、若い世代がそうした観点からビジネスをとらえ直してみることは、「ＣＳＲ活動は会社にとっても必要な企業活動である」との認識が広がることにつながっていくと思われます。そして、経済、環境、社会という３つの視点を持って、持続可能な社会づくりにつながる新しいビジネスが創造されることを期待したいと思います。

企業によるＥＳＤ宣言

わたしは、２０１４年８月の地球市民会議に参加したことが契機になって、「企業によるＥＳＤ宣言」の策定に関わりました。そして、11月のユネスコ世界会議では、認定ＮＰＯ法人「持続可能な開発のための教育の10年」推進会議（以下ＥＳＤ‐Ｊ）から同宣言が発表されました。もちろん、Ｊ‐ＰＯＷＥＲも宣言に賛同しています。これまでにも、本書でＥＳＤについて触れてきました。わたしのＥＳＤとの出会いと宣言に賛同するに至る経緯を含めて、少し紹介します。

わたしがはじめにＥＳＤに出会ったのは、２００９年、当時、立教大学の特任教授として教鞭をとっていたキープ協会の川嶋さんからお声がけいただき、立教大学の阿部治研究室の検討会に参加させていただいたときのことでした。

そこで学んだことは、環境教育は自然環境の保全や自然の中での活動にウェートを置く自然系のものからスタートし、次いでわたしたちの暮らしぶりと環境とのつながりを考える生活系の環境教育が提案され、さらに、地球環境問題などに向き合う地球環境系の環境教育の登場により、次第にその領域を広げ、多様な観点を取り込みつつ発展してきたこと。そして、それぞれが取り組む課題が切り離せないほどつながりあっており、次第に相互に重なり合う部分が広がってきているとの理解から、総合系の環境教育に発展してきたこと。そして、この総合系の環境教育こそが、持続可能な発展（社会づくり）に欠かせない教育活動の母体になりうること。１９９２年の地球サミット、ミレニアム開発目標（ＭＤＧｓ）などを踏まえ、世界の貧困や格差、環境破壊、人権抑圧や平和の実現に向けた多様な教育活動が必要との切実な認識の下で、２００２年に日本が国連に提案し、２００５年からユネスコが中心になって世界で「ＥＳＤの10年」の活動が進められていること。日本においても、さまざまな形で活動が進められているが、なかなか企業の参加は得られていないこと、などでした。

検討会は、こうした背景を踏まえて、企業の社会的責任（ＣＳＲ）の一環としてＥＳＤを位置付け、広く推進していくことはできないだろうかという狙いをもって運営されていました。

企業活動においても、すでにあらゆる場面で環境への配慮が求められる時代になりました。生産現場で副産物や廃棄物の適切な管理や処分が求められるだけでなく、仕入れや製品輸送の段階においても、環境負荷の高い原材料を使っていないかどうか、梱包材は適切か、輸送段階の環境負荷やCO2の排出はどうかなどが問われています。また、管理部門においても、再生紙の利用促進、節電対策、ゴミの分別など、3R（Reduce Reuse Recycle）に適切に取り組むことが求められています。

しかし、当時、社会貢献活動に関する社内理解の獲得にも四苦八苦していたわたしにとっては、ESDはいささか概念が広すぎて、会社に持ち帰っても社内の理解や賛同が得られにくいと感じていました。確かに、持続可能な社会づくりのための活動は、企業のCSRと親和性が高いですし、エコ×エネもESD活動と言えるようです。

でも、ESDを説明する際に、「環境を保全することも、人権を守ることも、社会の多様性を尊重することも、女性の活躍の機会を保障することも、SD社会（持続可能な社会）を実現するために必要な取り組みで、そのための教育的なアプローチはすべてESDです」と伝えても、理解してくれる人はほとんどいないように思われたのです。残念ながら、ピンポイントに「これがESDだ。だから、これをやる」という具合に概念と活動を明確にリンケージさせていくほうが、企業としてはとらえやすく、社内の理解を得られやすいように感じたのでした。

ＥＳＤとの出会いから5年、この間に社内の理解も少しずつ広がりましたし、エコ×エネについての認知も進んできました。地球市民会議の事務局長をされていた福井昌平さんは、奇しくも当社が民営化に向けて進めていたＣＩ活動のチーフアドバイザーでもありました。その後、「愛・地球博」のチーフプロデューサーを経て、ＥＳＤの推進の一翼を担うこととなったようです。そんな不思議な縁もあり、当社のエコ×エネについては以前から関心を持って見てくれていました。そんなわけで、「いい機会になるから、企業のＥＳＤ活動として、Ｊ-ＰＯＷＥＲの活動を地球市民会議で紹介してほしい。他の企業の方と一緒にパネル・ディスカッションに参加してほしい」との要請を受けて、8月の地球市民会議に参加したのでした。

参加して理解し、発見したことは、すでに多くの企業が自社の事業を持続可能な社会づくりや社会課題の解決（社会的価値の実現）と結び付け、ＣＳＶなどのＳＤ社会の実現に向けた事業と説明していることでした。また、ＩＳＯ26000に関する認識を活動の基本に据えて、企業のＣＳＲ活動を幅広くとらえ、その会社ならではの味付けで展開していることでした。新たに策定されたＩＳＯやＣＳＶの提案を、その企業に合った形でカスタマイズすることが、企業の担当者には求められます。同時に、そうした咀嚼を重ねながら、自分たちの活動を自分たちの言葉で語る大切さをあらためて再確認することができました。

そうした気づきとともに、パネル・ディスカッションのコーディネーターを務めていただいた関正雄さんと面識ができたことも、地球市民会議に参加した成果でした。後日、「企業によるＥＳＤ宣言」のゼロ・ドラフト（素案）に対するコメントを求められ、僭越でしたが、「ＣＳＲと結び付けてＥＳＤを説明する。そうすることで企業のＥＳＤに対する理解が深まるのではないか」とコメントさせていただきました。

その後の最終的な宣言のとりまとめ会議には所用のため出席できませんでしたが、先に記したように、11月のユネスコ世界会議で多数の企業の賛同を得て「企業によるＥＳＤ宣言」は発表されました。

企業がその事業活動を継続できるのは、経済的な利益や利潤をあげているからではなく、市場や社会のニーズに応えて常に商品やサービスを改善し提供し続けている、そういう実態を保持しているからでしょう。そこには、経済性とともに社会性、環境保全の目配りが欠かせません。そういった意味で、ＣＳＲは決して本業の活動とは別のものではなく、本業の中にこそ存在するものではないかとの認識を強くしています。

第二部

Corporate Social Responsibility

わたしの考えるCSRビジョン

1　CSRは本業の中にこそ存在する

CSRにも「らしさ」が重要

会社が行うCSR活動には、「その会社らしさがあることが重要だ」とわたしは思っています。わたしが思い描く「らしさがあるCSR」について、お話ししましょう。

以前、民営化の仕事をしていた際に、薦められて『ビジョナリー・カンパニー』(日経BP社)を読み、たいへん感銘を受けました。著者のジム・コリンズとジェリー・I・ポラスが、永続して優れた業績を残している企業は同業他社と何がどう違うのかを実証的に論考した名著です。すでに読まれた方もたくさんいらっしゃると思います。『ビジョナリー・カンパニー』に書いてあったこと、そしてその後にGE社の中興の祖と言われたジャック・ウェルチさんの講演を聞いて考えたこと、それらに触発されてトヨタ式改善について勉強したり、さまざまな経営図書などで学んできたことなどを含めて、わたし自身が思い描くビジョナリー・カンパニー像とは次のようなものです。

ビジョナリー・カンパニーといわれる長年続く企業は、それぞれの会社の理念（基本的価値観）を共有することに熱心で、その理念の実現のためにさまざまな知恵を出して、本業を磨きあげる独自の文化や風土、社内の仕組みや行動原理、スタイルを持っています。細部にもこだわりを持って、「なぜ？」と自問することを繰り返し、品質を向上し効率よく生産する工夫を積み重ねます。だから、場合によっては、一般人の眼からは奇異で無骨に見えるかもしれない。しかし、逆境においてもぶれず、真摯に打開の糸口を探り、社会に自社の姿勢を率直に説明してコミュニケーションをはかります。顧客をはじめとするステークホルダーの信頼を得て、継続して事業を行い、事業が拡大してグローバルに展開することになっても、多大の手間と費用を惜しまずに自分たちの基本的価値観を新しい従業員に普及、浸透、共有することに注力します。そして、会社の価値感、理念への共感という形で求心力を働かせながら、同時に顧客満足を高める、自分たちの商品やサービスをより多くの顧客に届ける、といった外部に向かって事業を拡大する遠心力を働かせ、見事な円を描くように、いきいきと企業活動を展開して着実に成長し続ける、というものです。

さて、現在の企業ではどうでしょうか。グローバルな競争の拡大によって厳しさが増し、金融資本主義（利益至上主義）の影響力が強くなって、ものづくりなどの実業の力を磨きあげる投資や仕組みづくりが行いにくくなっているように感じます。どうしても、短期的な利益や短期的な投資効率という尺度に縛られて、自社が本質的に提供しようとしている商品やサービスの価値を高める、そのための生産技術や生産設備、高い技能を有する人材の育成が制約を受けるなど、数字には表しにくいけれども、企業の実力や実業をしっかり支える仕組みへの投資が行いにくくなっているように思われます。

競合他社と同じような商品性能やサービス品質を提供するレベルにとどまるなら、競争は結果的に価格競争に陥ります。差別化力（core competence：コアコンピタンス）がある場合でも、それを絶えず磨きあげることをしていかないと、多少時間を稼げはしても、いつか追いつかれてしまいます。

そうこう考えると、最終的な企業の強みとは、その企業が自らの差別化力を大事にして、絶えずそれを磨き上げる力を働かせることができるか否かにかかっているのではないでしょうか。そして、わたしは、その企業の差別化力の源泉になるものが、他社がまねることができない「その会社らしさ」なのではないかと思っているのです。

その会社らしさ＝共有する理念・価値観を大切にして、そこから新たな付加価値を追及し続ける目的意識、それを支える制度やチャレンジする社員を育成する文化、絶えず多様なチャレンジをして、よいものだけを残していく企業風土を保持すること。それらをうまく組み合わせ、持続的な改善を積み重ねて市場の求めるものを提供し続けられる企業が、厳しい競争の中でも最後まで生き残り、成長し続けられるのではないかと思うのです。

わたしは、ＣＳＲ（企業の社会的責任）は本業の中にこそ存在するし、ＣＳＲは「本業を含めたあらゆる企業活動を通じて、企業が身の丈に合わせて、よりよい社会づくり（持続可能な社会づくり）のために、自発的に取り組む責任」と考えていますから、前述したようないきいきとした事業展開と同じ文脈で、ＣＳＲ活動もその会社らしさを映し出す、いきいきとした活動であってよい、あるべきだと考えています。そのために、「よりよい社会づくり（持続可能な社会づくり）のために」という目的（求心力）と、それを本業を含むあらゆる企業活動を通じて実現するという遠心力を上手に組み合わせ、Ｊ-ＰＯＷＥＲらしい、いきいきと活動できるＣＳＲ活動を形作っていきたいと考えています。

そうした観点から、ＣＳＲ活動がお題目ではなく、きちんとした企業活動であるとの位置づけを獲得するためには、しっかりと活動を評価し、改善し、逐次その効果を高めていけるように、「客観的な物差し」が必要だと考えています。

同時に、その物差しは自分たちの「らしさ」を大切にするものでなければならず、かつまた「らしさ」を強化していくものにしたいと考えています。

次に、客観的な物差しについてこれまで考えたり、工夫したりしてきたことを含めて、評価に関する課題を概観してみましょう。

社会貢献活動の評価の物差し

社会貢献活動を進めていくさまざまな場面で、活動に関して適切な「評価の物差し」がないために、「どうしたらいいかなあ」と考えあぐねることがありました。本業である電気事業では、一定の設備保守や設備の管理基準がありますし、他の多くの企業と同じように、経営管理のための指標や組織目標制度、投資基準、予算制度などが採用されて活用されています。

しかし、社会貢献活動については、しっくりとくる評価の基準や物差しがありません。これらがないと、「何をどこまでやったらよいのか」「求める結果の内容はどのようなことか」「どのようなやり方が効果的なのか」といったことを考える糸口が見つからず、考えが宙を舞い、堂々巡りになることがしばしばありました。

そこで、異業種交流や他社との懇談のつど、各社の評価手法について話題にして、どうしているのか伺うことにしていましたが、各社もそれぞれに苦労されているようでした。いくつかヒントになる考えはありましたが、いまでも、「これだ！」と思えるものには出会えていないのが現状です。そんなわけで、自分で我々のプロジェクトに合うものを設定するしかないと考えて、いくつかのキーワードを設定しました。読者の方の参考になるかどうかわかりませんが、取り入れている主な手法や考え方を紹介します。

社会貢献活動の4つのキーワード

「Ｊ－ＰＯＷＥＲグループの社会貢献活動の考え方」においては、各事業所の地域とのお付き合いの経緯や事業環境の違いを考慮し、それぞれに「身の丈にあった」活動を進めることを標榜しています。先述したように、継続して活動するためには、「背伸びしていては続かない」との考えをベースにして、無理・無駄・ムラを省いて、普段着で地域とお付き合いできるようにと考えています。

活動の価値向上のためのキーワードとして、「継続性」「自主性」「協働性」「透明性」を掲げて、毎年発行する「社会貢献活動通信」にもその趣旨を紹介し、活動を振り返り、改善するための糸口として使ってもらえるように提示しています。ただし、あくまで、「自主的に進めてほしい」との思いから、これは提示するだけにとどめています。

したがって、これらのキーワードに沿って、広報室が各所の評価を行うといったことはしていませんし、今後も広報室が評価するようなことは考えていません。このため、現在は、指針の利用状況も把握していないのが実情です。
この4つのキーワードがどんなふうに提示されているかを紹介しましょう。

継続性

社会貢献活動は、息の長い活動として継続することが大切です。安易に活動を中断したり、大幅に縮小したりすることは、社会的な信頼を失うことにもなりかねません。このため、活動は「身の丈にあったものであること」が望ましく、現在の各機関の活動はこれにかなったものになっていると思われます。今後とも、一定の経営資源を投資して継続していく必要があります。

一方で、より効果的に活動を実施していくためには、地域や社会が抱えるさまざまな社会課題の中から、われわれが取り組む課題を的確にとらえて選択し、それらを踏まえて、活動の見直しを検討することも必要です。

自主性

社会貢献活動の実施主体となるのは、これまでと同様にＪ‐ＰＯＷＥＲグループすべての機関であり、一人一人の社員です。それぞれの機関や社員は、何にどう取り組むか、自主的に考え、決定することが重要ですし、また、そうすることが望まれます。
また、活動への参加は、参加する社員にとって、社会人として成長できる機会ですし、社会から「元気をもらう活動」にもなり得ます。できるだけ多くの社員に、何らかの形で自主的に活動に参加してもらうことが望ましいと考えています。

協働性

社会貢献活動をより効果的に実施するにあたっては、地域で活動しているさまざまな団体や個人、社会課題に精通したＮＰＯ等の専門性を有する機関などと協働することにより、課題解決の速度と効果を最大化することが期待できます。協働するためには、お互いが対等の立場に立って考えることが重要であり、お互いの得意分野を活かし、一緒に知恵を出し、汗をかきながら活動することが大切です。
また、協働して活動に取り組むことは、これまで気づかなかった社会課題を知る機会になりますし、お互いに気づきを得られる学びの場となることが期待できます。

透明性

社会貢献活動について、「企業自らは、よき行いを語らない」という姿勢も一つの選択肢ではありますが、現在では、活動の取り組み姿勢や活動内容、その成果について、関心を持っていただくステークホルダーの方に対して発信していくことが求められています。

当社グループの活動を社内外に発信することによって、活動について、地域を含む社会の理解を広げるとともに、社会からのフィードバックによって効果的な活動の継続・改善が可能となります。また、その結果、企業価値向上へと寄与することが期待できます。

エコ×エネ体験プロジェクトの評価指針

エコ×エネを進めるにあたって、わたし自身が自己評価のキーワードに設定しているのが、「目的」「効果」「整合性」「メッセージ性」の4つです。厳しい時代の中で、社会貢献活動といえども、より効果的に成果を実現すべきとの心づもりはベースに持っています。ですから、よりよい活動となるように、「いまの活動が、そもそもの目的に適ったものとなっているか」「活動内容が逐次改善されているか」「その効果、訴求力、インパクト、広がりはどうか」「当社の事業活動（本業および諸活動）との整合性はとれているか」「J-POWERの理念や目指すもの（エネルギーと環境の共生など）を端的に伝えられているか」「わかりやすく発信できているか」といった観点を基本的な評価ポイントにして、随時、点検し、改善策を考えるようにしています。

また、エコ×エネ体験プロジェクトを構築する準備段階では、その道の専門家に参加していただいて、評価会を実施しました。２００７年以降は、毎回ツアー終了後にスタッフでツアーの振り返り・反省会を実施していますし、２年目からは、参加者と同じ立ち位置でツアーに参加し、ツアー終了後に参加者目線からツアー・プログラムの改善点や留意点をレポートしていただく、プログラム・アドバイザー（ＰＡ）制を導入しています。こうして、ツアー終了のたびに、アドバイザーの感想、意見を求め、関係者で共有するとともに、指摘していただいた改善点を次回ツアーに活かしているのも先述した通りです。

参加者の声、感想の把握も評価指針として重要です。

体験ツアー、エコ×エネ・カフェ、エネルギー大臣ワークショップなどの催事に際しては、アンケートなどを実施し、参加者のレピュテーション（評価、評判）を把握するようにしています。また、体験ツアーでは、宿泊を伴うので、夜の自由交流会などの機会に、保護者の方の生のご意見・感想を聞くことを心がけています。これは、一般の方との接触の機会が少ない卸電気事業者の我々にとっては貴重な広聴の機会との認識もありますし、ツアーについての感想や評価を肌感覚でとらえられる貴重な機会となっているからです。

以上のような取り組みをしながら、我々がプログラム運営するそれぞれの場面で感じ取った手応えと、ＰＡの方のコメントを照らし合わせることによって、我々のパフォーマンスを冷静にとらえ直すことができると考えています。

しかし、当社の社会的な価値向上にどのように貢献できているのか、学生の皆さんや保護者の方との懇談から得られた貴重な意見やコメントを適切に会社にフィードバックできているのか、などの観点からの指標や物差しはいまだ設定できていません。

今後考えていくべきポイントとしては、「毎年目標を設定し、その年の実績を過去の実績と対比する形で変化率を計測していく」「成果や効果、または課題をどれだけ可視化（〝見える化〟）できる（できた）かを計測していく」「全体の活動を、本業との関連性の強弱や活動の継続性（単発性）といったｘ軸ｙ軸を設定して4象限にマッピングし、よりよい活動のポートフォリオを検討していく」「現場懇談やアンケート調査（定点調査）などの結果を、社内理解の浸透や拡大にどのように利用していくことが適切か」といった課題があると感じています。

本業に関する経営指標については、費用対効果、投資収益率などの経済性や効率性をベースにする指標がさまざまに活用されていますが、同じ企業活動であっても、ＣＳＲや環境活動、社会貢献活動に関しては、どうも〝円マーク〟を基礎にする指標では計測できないものがあります。活動に関わる人の「情熱や思い」がないと、血が通った活動にならないと感じられます。そして、その「血が通っている程度」を計測する指標や物差しは、数字ではなく、言葉や絵や詩、態度などで表現する以外にないのではないかとさえ思います。これは以前、体験ツアーに参加していただいた親子のみなさんに句と絵を応募してもらう「エコ×エネ・かるた」を作成した時に感じた思いです。

いずれにしても、評価の物差しについては、明確な指針やガイドラインがないので、試行錯誤しながら、引き続き、我々の活動にふさわしい物差しを模索していくことになりそうです。

2　遠心力と求心力を高めるための取り組み

協働の覚書――対等な切磋琢磨を作り出す風土づくり

ＣＳＲ活動をいきいきと進めるために取り組んできたことを紹介しましょう。些細なことかもしれませんが、これらの取り組みや認識が求心力を高め、遠心力を働かせるための一つの力になっていると考えています。

Ｊ-ＰＯＷＥＲでは、２０１０年から、エコ×エネ体験プロジェクトを一緒に運営するキープ協会やＮＰＯ法人白川郷自然共生フォーラムなどと「協働の覚書」を締結しています。

この覚書の内容は、①エコ×エネ体験プロジェクトの目的を共有すること、②それぞれがＪ-ＰＯＷＥＲと協力して実施、運営するプログラムに関しては、対等の立場で協力し合い、プロジェクトの価値向上に取り組むこと（換言すると、発注関係の甲乙関係にこだわらずに忌憚なく意見交換し、現在あるものよりもいいものを提供できるように、互いに切磋琢磨すること）、などを確認しています。

本書第一部の「エコ×エネ体験プロジェクト」の項で紹介したように、エコ×エネの特徴は、異なる専門性が協力し合うことで醸し出す、オリジナルな魅力や化学反応です。ですから、常に互いの特性や専門性に敬意を払いつつも、切磋琢磨して改善すること、互いの分担事項にも遠慮せずに、次のプログラムとの関連を意識して「こうしてほしい」と要望、提案することが大事です。そして、実際にそういう意見交換を重ねてプログラムを改善してきました。

ところが、契約を取り交わす段になり、社内に用意されている標準契約書、仕様書などには「協働」という概念、用語は存在しないことがわかりました。とても事務的、実務的な課題ですが、互いに共有する思いが反映できないという、気になって仕方がない課題でした。

会社の契約部門では、毎年、数多くの委託契約を締結しますから、一定のひな型を定めることが効率的ですし、万一の場合の法律的なリスクを加味して内容を吟味していますから信頼できますし、安心です。でも、契約上は、発注者の甲が受注者の乙に仕様書どおりに役務の提供を求めるといったいかつい形式になり、協働という認識を基本に運営される実態とはちょっと違ってしまいます。

ですから、当初は、協働パートナーの皆さんに口頭で事情を話して、そういう契約になることについて補足説明してエキスキューズをしていました。そして、常々、増田さんたちと共有している思いを契約上にも反映したいと考え、「何とか工夫できないかなあ」と思っていましたし、協働パートナーの皆さんに申しわけなさを感じていました。

南さんには、何度か契約部門と折衝してもらいましたが、契約書や仕様書を変えるのは難しそうでした。そこで、毎年の業務については、会社の契約手続きに沿って契約をしますが、パートナーの皆さんと基本的に共有し確認するべき事項は、別途、覚書を締結することにしたのです。

読者の皆さんには、つまらない話かも知れませんが、わたしにとっては大事な基本事項です。企業の中ではちょっと異質な、社会貢献活動のような社会的な価値を高める仕事においては、「効率よりも、熱い思いを大事にすることが必要」と感じることが多々あるからです。

チャレンジと2：6：2の法則

新しい課題や状況に対応することを迫られる場合に、「積極的に関わろう、対応しようとする人」「とりあえずは様子見しようとする人」「消極的だったり、批判的な態度をとる人」の割合は、どんな組織においても、ほぼ2：6：2に分かれるという法則があります。

実は、その真偽のほどは定かではありません。でも、経験的には「そうだよね」と思うことも多かったですし、この法則を知っていると、どんな組織でも新しい状況に対応しようとする場合に必ず反対意見が出てくることをあらかじめ覚悟しておけます。そうすると、「何ごとにも、必ず反対はあるさ」と気持ちを軽くしてチャレンジすることができるのです。

そして、まずは、積極的に関わろうとする人たちから、賛意とまではいかなくても、「悪くないね」という感覚や意向を引き出すことが大切になります。

わたしは、チャレンジを成功に導く秘訣は、「小さく産んで、大きく育てる」ことだと思っています。はじめは小さくても、ポテン・ヒットでもシングル・ヒットでもよいので、小さな成功を積み重ねて成果を示し、賛同してくれる人を増やし、大きくしていくことが開拓者・挑戦者の王道であり、秘訣だと思っています。

もちろん、ヒットを打つために練習し、工夫し、失敗を分析して改善策を練ることが必要です。こうしたトライアルを積み重ねていくと次第に成果が出てきますし、最初の2割の人たちが関心を持ってくれます。中には、積極的にアドバイスしてくれる人たちも現れてきます。そうして、小さな成功を積み重ねるうちに、次第に真ん中の6割の人たちも、「まあ、いいんじゃない」「わたしも一度参加してみようかな」「一度見ておかないと、まずいかも……」といった具合に受け入れてくれるようになります。

経験から言えば、注意を必要とするのは最後の2割の人たちです。これまでの状況が居心地よかった人ほど変わりたくない、状況変化を受け入れ難いという反応になりがちであることを頭に入れておくことは重要です。ベテランと呼ばれ、仕事の中核を担っている人の中にも、「変わりたくない」と感じる人は存在しています。ですから、実は最後の2割の人がどこにいるのか、いま話している方が最後の2割の人なのかどうか、その見極めと関わりの持ち方が本当に難しいのです。

多くのベテラン、組織の幹部社員は、事業環境の変化に応じて変わらざるを得ないときは、その変化をチャンスととらえて能動的に対応し、部下を指導するなどの動きをしてくれます。しかし、中にはそっぽを向いたり、不満を露わにして、批判的な意見を展開する人も出てきます。ただし、不満や批判を口にしているからと言って、その人が最後の2割の人かどうかはわかりません。優れたリーダーの中には、時に、組織の中の弱い立場の人たちの意識を代弁していることもあるからです。

ですから、こちらは、「聞く耳」と「観察する目」を持っていなければなりません。こちらの提案が無理を強いている（相手には、無理を強いているように聞こえる）こともあり得ます。提案し、相手の意見をよく聞いて話し合うことが、まず必要です。しかし、それでも理解が得られなければ、残念ですが割り切って、一定の距離を置くことが必要になることもあります。

そんなことも含めて、新たなチャレンジを成功に導き、広くコンセンサスを得ていくには、「粘り強くコミュニケーションを取らなければいけない」「相応の汗をかかざるを得ない」ということを戒めとしつつ、「２：６：２の法則」に勇気づけられたり、慰められたりしながら、わたしもまたチャレンジしてきたのです。

3 東日本大震災

2011年3月11日の衝撃

2007年から社会貢献活動に取り組んできたわたしたちにも、2011年3月11日に起きた東日本大震災は大きな影響を与えました。

当日の様子を簡単に振り返ってみます。

その時間、わたしは事務室にいて、役員秘書の女性社員と机の脇で立ったまま打ち合わせをしていました。突然の揺れは、これまで経験したどの地震よりも大きく、長く続きました。秘書はしゃがみ込み、誰かが「キャビネットから離れろ」と叫びました。声がしたほうを見ると、そこにヘルメットをかぶった南さんがいました。思わず、「急場に強い、現場感覚のある奴だなあ」と感じ、彼のおかげで冷静になることができました。

会社からは、全国の事業所に、社員家族の安否確認と設備被害の有無、被害の程度を報告するよう指示が出ているはずです。何かあれば広報として対応しなくてはなりません。直接の担当ではありませんが、手早く仕事を片付けて、遊撃できるように情報収集に回りました。

会社の設備被害（発電所、送電線、変電・変換設備、給電指令のための通信設備など）は、幸いなことに軽微でした。電気事業法などに基づく監督官庁などへの所要の報告は、それぞれの担当ラインからなされます。広報として報道対応しなくてはならないことは、とりあえずはなさそうでした。

その後は終日、テレビの速報に釘付けでした。テレビでは、仙台空港が浸水した様子が映し出され、多くの車両が流されていました。宮城県の名取市のあたりでしょうか、逃げる自動車を追いかけるように津波が押し寄せ、田畑を飲み込んでいく様を見ていました。現実に起きていることとは思えない映像が続く中、漁船を載せたまま、いともたやすく防潮堤を乗り越えた津波が、故郷の街に襲いかかる様が映し出されました。高校卒業まで育った故郷釜石の被災の様子でした。

テレビから、東京電力の福島第一原子力発電所が津波で電源を失ったという情報が入ってきました。原子力に詳しいわけではありませんが、何か重大なトラブルが生じた場合には、「止める・冷やす・閉じ込める」の手順で対処するということは知っていました。制御系が電源を失っては、どうしようもなくなる可能性が高いと感じました。祈るように固唾を飲んで、テレビ画面を見つめていました。

当日は、夜になってようやく家族と連絡が取れました。家内が学校まで子どもたちを迎えに行ってくれたようですが、渋滞でとてもたいへんだったようです。会社に泊まって、翌日帰ることを伝えました。

引き続きテレビ報道を見ていましたが、後の経緯は皆さんがご存知の通りです。福島第一原発は水素爆発を起こして、チェルノブイリ事故と比較される程の大事故になってしまいました。

津波と福島原発事故の、想像を超える被災状況を目の当たりにして、世の中は一斉に何もかも自粛するムードになりました。

当時、エコ×エネでは、毎年1月末には次年度の主要なスケジュールを決めて、それぞれ準備を進めることにしていました。ですから、その年も1月にすべての関係者に集まっていただいて、前年の活動を振り返り、新年度の計画を共有したばかりでした。2011年度も、8月に小学生親子ツアーを計画していましたし、そのためには遅くても6月には募集活動をスタートしなくてはなりません。募集のための案内文書も用意しなくてはなりませんから、なるべく早く、ツアーの実施の可否を判断する必要がありました。

わたし自身は、こういう時だからこそ、被災していない地域は必要な支援を被災地に届け、普段どおりに生活してお金を使って経済を回すべきだと考えていました。その意味で、2011年のエコ×エネ体験ツアーも従来どおり実施したいと思いましたが、独断するわけにはいきません。そこで、上司、先輩など何人かの人に意見を聞いて回りました。

その結果は見事にバラバラでした。大きく分けると、「こんな時だからこそ従来どおり実施すべきだ」「同じ電気事業者が事故を起こして、電気事業全体が厳しい目で見られている。こんな時にあえて実施するようなイベントではない。目立つことは避けるべきだ」「今は何とも判断がつかない。社外の声をいろいろ集めてしかるべき時期に決めてはどうか」の3つでした。

時はまだ4月初め。わたしも、今すぐ判断しなくてもいい、もう少し時間があると感じていましたので、先送りのようですが3番目のアドバイスに沿って社外の声をモニタリングすることにしました。

緊急集会とモニタリング

社外の声を集めるといっても、エコ×エネ体験ツアーを知らない方の声では意味がありません。一般の方で、ある程度エコ×エネ体験ツアーを知っている人や、またはツアーを体験していただいた人からの声を集める必要がありました。

さっそくモニタリングの計画をたてるとともに、エコ×エネの協働パートナーの皆さんに呼び掛けて、4月下旬に緊急集会を開きました。エコ×エネは委託契約を結んで実施していますが、何より協働による切磋琢磨とパートナーシップを大切にしていましたので、パートナーの皆さんの意見や協力を求めたかったからでした。また実務的には、予定してもらっているツアーやイベントが、キャンセルされる可能性があることを伝える必要もありました。

モニタリングの狙いと概要を次のように設定し、5~7月にかけて逐次、実施しました。モニタリングの狙いは、①一般参加者の電気事業に関する理解の変化・動向を把握すること、②既存のエコ×エネ体験ツアーのプログラム内容、構成などに関して、その改訂・改善の要否を把握すること、の2点でした。

具体的なモニタリングとしては、大学生対象には、①学生懇談会（前年度のツアー参加者を中心に、本社で懇談。5月）、②合宿ツアー（白川村でゼミ合宿を開いていただき、荘川桜を見学し、御母衣電力所をご案内。5月）、③ユニ・カフェ（夏の体験ツアーへの勧誘活動を兼ねての懇談会。7月）の3つの意見交換の機会を設定しました。

また、小学生親子対象には、前年度の体験ツアーに参加していただいた保護者の皆さんに、急でしたがアンケートを送付させていただき、過半数を超える方から熱心な回答をもらうことができました。また、懇談会（６月）を開催し、希望される方には参加していただき、直接ご意見をうかがいました。

保護者アンケート、学生懇談、合宿ツアーを通じて、共通して把握できた傾向は次のようなものでした。

①あって当たり前、空気のように使っていた電気のありがたさにあらためて気づいた。生活になくてはならないものなので、震災を機に、エネルギー問題を真剣に考えるようになった。

②さまざまな情報が溢れ、その取捨選択が難しい。しかし、我々にできる身近なところから、これまでの贅沢な生活スタイルを見直し、家庭の節電や省エネに取り組みたい。

③原子力事故の大きさ、目に見えない放射線の怖さを目の当たりにし、自然エネルギー利用の必要性を強く感じる。

福島第一原発の事故を受けて、電力会社や原子力発電に関する批判的意見や質問が相次ぐかとも考えていましたが、現実には原子力発電に関する意見は冷静で現実的なコメントが多く、将来は原子力依存を低減したい、しかし同時に急ハンドルを切るのではなく、節電や生活スタイルの見直しなどとあわせて、電源の組合せや選択を再考してよいといった慎重な姿勢が数多く見られました。時間をかけて、省エネや節電に取り組み、再生可能エネルギーの導入にも取り組みつつ、安定的で安心できるエネルギーの需給関係が実現することを望んでいる、着実にそうした体制を作ってほしいという意見と受け止めました。

とくに保護者の皆さんから寄せられたコメントには、原子力事故に伴う不安と怖れの表明、リスクと引き換えに便利な生活をしてきたこと、およびそのリスクに無知だったことの反省が多数あり、同時に、次代を担う子どもたちにツケを回したくないとの、子育て世代の真面目な保護者の本音が語られていました。こうした意見は、学生懇談において、女子学生にも多数見受けられました。

学生たちとの懇談では、「これからのエネルギー問題への関心が高い」「自然エネルギー指向が顕著」との印象がありました。

ことに、ゼミ合宿の参加者は、実物のダム・発電所を見学した直後の回答であり、初めて見学する方も多かったためか、「環境とエネルギーの関わりについて勉強になった」「環境やCSRといった勉強の中で、エネルギーの観点は希薄だった。興味をもって勉強したい」といったコメントが寄せられました。同時に、御母衣ダムが村一つを水没させて作られていること（代償）と便益の関係をどうとらえてよいか把握し切れていない様子も垣間見えました。この点については、前年に同様の経験をされている保護者の方々の受け止めと若干異なり、福島事故によって負の面への関心が強く出ている印象がありました。時代背景の理解、社会経験・生活経験の差が出たのかもしれません。

前年のツアーに参加した大学生の多くからは、エネルギー供給の重要性といった切り口からの振り返りが目立ちました。これは、学生の皆さんがツアーを通じてＪ‐ＰＯＷＥＲに親しみを感じ、原子力問題についてはある程度自己規制（遠慮）したところがあったかもしれないと推測されました。もっとも、高レベル放射性廃棄物の処理問題を鋭く指摘する意見も出ており、一定の傾向が把握できたのではないかと考えられました。

原子力への慎重姿勢が強まり、自然エネルギーを指向する傾向は、各種世論調査でも示されていました。そういう中で、互いに顔の見える（思い出せる）関係の方々から寄せられた個々のコメントに触れることで、９・11が米国社会を変えたと言われるのと同様に、３・11が日本社会の底流を変えるのではないかとの印象を強く持ちました。

それにつけても、保護者の皆さんからのコメントは、それぞれの社会経験を背景に、とてもバランスのとれたものが多いとの印象がありました。中には、子どもさんからのコメントも複数あり、親子で話し合ってアンケートに回答してくれた様子が感じられ、あらためてツアーを実施してよかったと、手応えを感じ、勇気づけられました。

我々のプロジェクトは、こうした皆さんに支えられて実施できるんだとの感慨を深くしました。

2011年の奥只見ツアー

以上のようなモニタリングから、次のような点に留意して、2011年度のツアーを実施することにしました。

●基本的なプログラム構成は、これまでのものと同様とし、とくに変更しないこと。ただし、「森と水と電気のつながり」をメインストリームにして水力発電と自然環境のつながりを紹介しているため、ツアー参加者が「水力礼賛《らいさん》」「自然エネルギー礼賛」と受け止める可能性もあるため、適宜、日本の電力需給の現状（電源構成）、夏の最大電力（日負荷曲線）などを紹介しつつ、自然エネルギーだけでは、日本のエネルギーはまかなえないことを、お伝えする工夫を盛り込むことにしました。

●夜の自由交流会の時間では、J-POWERスタッフは、積極的に保護者の方々と交流することを申し合わせました。

これは、保護者アンケートによれば、交流会などで話してみたい話題ベスト3は、①エネルギーの未来、②上手な電気の使い方、③日本の電気について、となっていたため、こうしたニーズに応えられるようにと考えてのことでした。

また、展示する図書の一つに、放射線被ばくに関するＱ＆Ａパンフレットを加えておきました。これは、保護者懇談会で最もよく聞かれたのが、低線量被ばくによる健康障害についてだったためです。質問があった時には、パンフレットを使って説明することも考えていました。当時は、「正しく知って、正しく恐れる」ことが、必要なこと、求められていることではないかと考えていました。

こうして２０１１年のエコ×エネ体験ツアーがスタートしましたが、８月の奥只見ツアーは中止になりました。７月末に生じた新潟福島豪雨のために、唯一のアクセス道路であるシルバーラインが一部で崩落して、通行止めになってしまったのです。

参加予定の皆さんに事情を説明して、理解していただきましたが、「たいへん楽しみにしていたので、別の機会を作ってくれませんか」という声を多数いただきました。シルバーラインの復旧が進んで、８月末には通れそうでした。９月上旬の大学生ツアーは、なんとか実施できそうです。そこで、大学生ツアーの直前の土日を使って、一度中止にした小学生親子ツアーの振替ツアーを実施することにしました。中止連絡をさせていただいた方々にご連絡し、すでに2学期がはじまっていましたが、9組18人の親子の皆さんに参加して楽しんでいただきました。

わたしたちにとっても、いろんなことがあった思い出深い夏になりました。

4 被災地支援活動

コンポストを利用した支援活動

東日本大震災の直後、Ｊｐｅｃの高倉さんが、彼のコンポスト活動の後継者含みで前年中途入社した八百屋さやかさんを連れて挨拶にきました。彼女は、大学卒業後しばらく大学で助手を勤めた後、青年海外協力隊に応募し、ネパールで環境教育に携わり、実践活動として高倉さんのコンポスト技術［＊］を現地に普及する活動に取り組んできたという経歴を持っていました。

お茶を飲みながら懇談する中で、「高倉さんのコンポストの技術を使って、何か被災地支援活動ができないだろうか」と問いかけました。ニュースを見ると、津波で被災した地域には冷凍保存されていた魚介類、海産物が散乱していましたし、これから暖かくなると衛生問題が大事な課題になってきます。とすれば、これに対処する活動が必要になり、生ごみを効率的に処理できれば、大きな支援になるのではないかと考えたからでした。

＊コンポストとは、たい肥のこと。特に、微生物の分解・発酵作用を活用する技術によって生ゴミから作られたたい肥、またはその技術そのものを指して、コンポストと呼ぶ場合もあります。

高倉さんは、長く環境分析の仕事をしていましたが、後に具体的な環境改善の活動に取り組みはじめました。高倉さんが目をつけたのは、さまざまなものがリサイクルされる中でリサイクルされずに回収され、燃焼埋め立て処理されている生ゴミでした。そして北九州市若松区の事業所で生ゴミのたい肥化に取り組んでいた時に、インドネシアのスラバヤ市の生ゴミ処理に、北九州市と共同で取り組むことになります。高倉さんは、途上国の各家庭で使ってもらえるように、身近な材料を使って安価で簡単に作れて、分解発酵に優れたコンポスト容器とたい肥化技術を開発し、大きな成果を挙げました。この業績により、２００６年に地球温暖化防止活動環境大臣表彰を国際貢献部門で受賞しています。

その後、高倉さんから「ざっと検討して、こういう形なら」という提案がありました。散乱した海産物などを処理するためには、一定規模の設備が必要で、それにはお金も時間もかかるし、もうすぐ暖かくなるので間に合わない。北九州市でのコンポスト活動の経験からすると、同じ取り組みをしている人たちは知らない同士もすぐ仲よくなる。仮設住宅のコミュニティづくりが課題になっているようなので、仮設住宅でコンポスト活動を紹介して、新しいコミュニティづくりをお手伝いする活動なら可能ではないでしょうかというものでした。

支援活動の設計と枠組み作り

高倉さんの提案をなるほどと受け止めました。確かに被災地では、仮設住宅のコミュニティ形成が大きな課題になっていました。若者から壮年までの方は、さまざまな復旧、復興の作業や懇談、相談に狩り出されていて、高齢の方がその留守を守るケースが多いようでした。高齢の方は、これまで、それぞれの体力や健康に応じて土いじりをし、畑を耕していました。それなのに震災によってその楽しみを奪われ、仮設住宅の中に引きこもってしまう方もいるようです。生ゴミからたい肥を作り、それを使ってプランターなどで土いじりしてもらえたら、きっと喜んでもらえ、お役にたてるだろうと感じました。

わたしたちが被災地に持ち込もうと考えたコンポスト容器は、スーパーマーケットなどにあるプラスチックの買い物かごに通気性のあるカーペット生地を内張りしたものでした。分解発酵液は、納豆やヨーグルト、ドライイースト、漬物の汁など身近な発酵食品を利用して作ります。微生物の棲み家になる基材にはモミガラを使っています。高倉式コンポスト技術には、安く手軽に、身近な材料を使って取り組めること、好気性発酵（空気がある環境での発酵）作用を利用しているので上手に使っていれば嫌な臭いがしない、分解発酵が速いという特徴があります。

ただし、我々がずっと現地に詰めることはできないので、現地で活動する人との連係が必要でした。さっそく、経団連の１％クラブ、日本ＮＰＯセンターなどを訪ねて相談し、カウンターパートになっていただける方を探しました。

そうこうしている間に、釜石市にボランティア活動に行っていた八百屋さんから、「遠野にお住まいの、沿岸被災地の支援活動をしている人で、コンポスト技術に興味を持ってくれている人がいる。一度会って話してみてくれませんか」という連絡がありました。季節は6月になっていました。

7月、エコ×エネ体験ツアーの準備の合間を縫って岩手に赴き、被災地支援団体の遠野まごころネットに伊勢崎克彦さんを訪ねました。伊勢崎さんは、震災直後から、遠野まごころネット代表の多田一彦さんの呼び掛けに呼応して、千葉和さん（ＮＰＯ法人遠野エコネット代表理事）と一緒に、被災地支援活動をしている有機農法の実践者で、エコネットの副代表理事でもありました。まごころネットが間借りしている遠野市社会福祉協議会でいろいろ話をして、基本的には両者協力して活動できるとの感触が得られました。さっそく、東京に戻り、支援活動のフレームづくりと会社への了解の取り付け、関連会社Ｊｐｅｃへの説明と協力取り付けを進めました。

その後、遠野まごころネットの事務局長を交えた話し合いの中で、遠野まごころネットがわたしたちのカウンターパートになると、活動支援金の申請手続き面で他からいただいている支援金との区別、間接費用の割り振りの見直しなど、煩雑な事務手続きの問題が発生しそうなことがわかりました。このため、地元の協力パートナーには遠野エコネットになっていただき、全体のフレームをつくりました。活動フレームの概要は次の通りです。

①活動は、J-POWERと遠野エコネットの共同活動とする。

②J-POWERは、グループの社会貢献活動と位置付けて、J-POWERが活動主体になり、関連会社のJPecはコンポスト技術を提供・指導するなどして技術面から活動に協力する。

③遠野エコネットは、現地の調整を担う。

④エコネットの活動に必要な経費などは、復興を支援する赤い羽根共同募金会などの支援金を活用する。

⑤活動は、冬季以外は毎月1回程度として、新規に取り組む方へのコンポスト技術の講習と、すでに取り組みはじめている方へのフォローアップ活動の二つで構成し、行程は前後各1日の移動日を含めて、4泊5日を基本にする。

以上のようなものでした。

支援活動の広がり

関係者の大枠の合意が取れましたので、決裁手続きは未了でしたが、実質的な活動をスタートしました。すでに、8月になっていました。東北の夏は短く、11月には寒さが厳しくなります。寒さが強まると、コンポストの中の微生物の活動が停滞します。なるべく早く、被災地にコンポスト技術を紹介して、興味を持って取り組んでいただく方を増やしていきたいと考えていました。さらに、そういう方がつながって、仮設住宅団地のコミュニティづくりに役立つことが、わたしたちの活動の目的だったからです。

活動は、遠野まごころネットが支援活動している大槌町のコミュニティ施設「まごころの郷《さと》」など、これまで被災地で伊勢崎さんたちが活動してきた地の利があるところからはじめました。伊勢崎さんたちに紹介していただいて、被災者の方と〝お茶っこ〟しながら交流を深め、そこに集まっていただいた方に、コンポスト技術の概要と効果などを紹介する。興味を持っていただいた方と一緒に、その場でコンポスト容器をつくり、持ち帰って使ってみていただく、という形でスタートしました。

興味はあるし、やってみたいけれども、仮設住宅は狭いので、コンポストを置くスペー

コンポストを利用した支援活動①

遠野市社会福祉協議会のお部屋を借りて、遠野エコネットさんにコンポストの講習を行い、これからの活動について話し合いました。

実際に使われているコンポストです。虫除けのために、ふとんカバーで包んでいます。

被災地の仮設住宅の様子です。

大槌町のまごころ広場で「お茶っこ」しながら、コンポストについて説明しています。

スがない、臭いが気になる（最初の1、2週間は乳酸菌の臭いがします）などの事情で辞退される方もいらっしゃいました。それぞれに、いろいろな事情を抱えていらっしゃることはよく理解できましたので、無理にお願いすることは避け、やってみたいとおっしゃる方に、取り組んでいただくことにしました。

まず大槌町の「まごころの郷」からはじまった活動は、大船渡市西舘の仮設住宅の皆さんに広がり、すぐに釜石市の職員の方にも興味を持ってもらえました。

家庭から出る生ごみには、約80％から90％の水分が含まれています。生ごみを収集して燃焼し、嵩を小さくして埋め立て処分する今の生ゴミの処分方法は、見方を変えると、ガソリンを使って大部分が水であるものを運んで重油や軽油で水を蒸発させていることになります。都市部ではやむを得ない、エネルギー多消費型の社会システムですが、自然の力、微生物の力を活用することで、地方では生ごみの処理量や収集回数を減らして、行政経費の削減につながる可能性も秘めています。

被災者の方の中には、被災当時、灯油が不足していて暖を取るにも不自由したことを思い起こす方もいるようでした。災害はないに越したことはありませんが、災害で気づかされることも多いのです。

そうやって、次第に興味を持っていただける方が増えてきました。

コンポストを利用した支援活動②

実物のコンポストを触ってみてもらっています。

まごころ広場の一角にある家庭菜園に生ごみから作ったコンポスト(肥料)を施肥しています。

実際のコンポスト容器は、買い物カゴに通気性のあるカーペットを内貼りして作ります。

コンポストをネタに、話が弾み、交流が広がっていきます。

コンポストのフォロー活動

この年の活動は、11月に冬の間の使い方をお話しして、ひと区切りをつけました。使い方としてお伝えした内容は、無理せずに休ませる、冬場も使いたい場合はペットボトルにお湯を入れるなどして、コンポストの湯タンポを作り、コンポストの温度が下がらないようにするなどの対策でした。

２０１２年も、わたしたちはこの活動を継続しました。この年の4月、活動再開に際して、釜石市のＮＰＯ法人アットマーク・リアスとの連係ができ、アットマーク・リアスが釜石市の仮設住宅で行う花の苗とプランターの配布イベントで、コンポストの紹介の時間をとっていただきました。興味を持って取り組んでいただく方がまた少し広がりました。

また、高倉さんと八百屋さんは、北九州市で行っているコンポスト講習のネットワークを生かして、北九州市で生ゴミコンポストを実践されている方々から、大槌の「まごころの郷」の家庭菜園用にと、たい肥を１５０kgも集めて送ってくれました。たい肥とともに届いた北九州市の方々のメッセージは、被災者の方にとっても大きな励ましになったようです。北九州市の皆さんに感謝するとともに、細やかな気配りで主体的に取り組んでくれ

興味と関心が広がって、やってみようとする方が少しずつ増えていきます。

仮設住宅は狭いので、屋外に置いて使う方が多いようです。 この後、衣装ケースの外函を組み合わせて、雨にあたっても水分が多くならないように容器も改善しました。

コンポストを持ち帰っていただきました。 どうぞ、やってみてください。

被災地では、今後の復旧復興に向けて、いろいろなミーティングや聞き取り調査が行われていました。

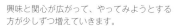

る仲間を頼もしく、また誇らしく思いました。

被災地の復興は少しずつ進んでいますが、産業の再生、雇用の確保はなかなか難しい問題のようです。瓦礫は徐々に片付けられていましたが、地元で就業できない子育て世代の中には、内陸部に職を得て転居する例も多いと聞きました。復興を担う世代が、やむなく地元を去り、後には高齢者が残る。厳しい復興への道が続きます。

アットマーク・リアスの代表でかつＮＰＯ法人いわて連係復興センターの代表をされている鹿野順一さんは、わたしとは高校の同窓で、ちょうど一回り後輩でした。わたしたちが支援活動をはじめる際に、現地の様子を聞くべく事務所を訪ねたことが縁で、支援活動で被災地に行く際には、仮設住宅居住者の方の現状と課題、その時々のＮＰＯやボランティアの取り組み状況と課題、復興予算の執行状況などさまざまな話をうかがって、わたしたちが被災者の皆さんと交流する際に留意すべきことの参考にさせていただきました。いまでもフェイス・ブックでつながっていますが、地道な活動を続けている鹿野さんたちの取り組みには、本当に頭が下がります。

活動の転機と技術移転

わたしたちは、2年間にわたって支援活動を続けてきましたが、転機を迎えてもいまし

コンポストを利用した支援活動④

岩手県花巻市にあるJ-POWERの東和電力所でもコンポストの講習を開いて、電力所の食堂から出る生ごみのたい肥化に取り組んでもらいました。 東和電力所は、わたしたちが被災地で活動する際の、一つのサポート拠点の役割も果たしてくれました。

三陸ひとつなぎ自然学校のJOYさんたちが、コンポスト技術の地域の受け皿になってくれました。

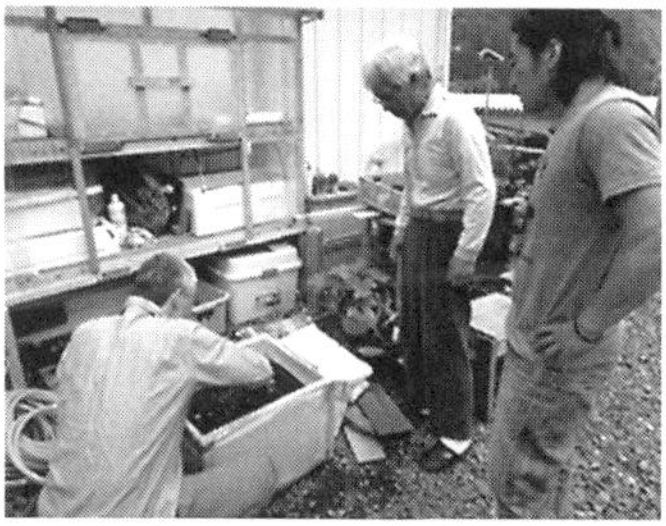

大槌町では、手作りのグリーンハウスにコンポストを入れていただいていました。温度が高いと、微生物の活性も上がって、発酵分解がよく進みます。もちろん、コンポストの状態は申し分ありませんでした。大事に使っていただいて、こちらのほうが恐縮するとともに、とても嬉しくなりました。

釜石市でもコンポストの講習会を開きました。

た。

コンポストを利用していただく方はそれなりに増えて、使い方にも習熟されて上手に使っていただいています。しかし、被災者の皆さんはそれぞれに事情を抱えているので、自分たちが覚えた技術をほかの方に教えたり、新たに取り組む人の世話を焼いてあげる余裕はなさそうです。コンポストの技術を地域に定着して、より多くの方に使っていただくには、技術の受け皿になってくれる団体が必要でした。

また、２０１２年まで一緒に活動していた遠野エコネットは組織としての活動にひと区切りをつけました。被災地は、緊急支援の時期を過ぎ、自力復興の時期に移行しつつありました。

翌２０１３年のわたしたちの活動は、コンポスト技術の受け皿になってくれる方を見つけ、技術を移転することに重点を置くことにしました。

ありがたいことに、震災直後からボランティア活動をはじめ、釜石市の栗林地区に三陸ひとつなぎ自然学校を設立した柏崎未来（ＪＯＹ）さんたちが興味を示して、取り組んでくれることになりました。

何度かメールでのやり取りをして、現地でも打ち合わせをし、わたしたちとできるだけ一緒に活動して技術を習得してもらうことにしました。また、微生物の分解発酵の力が自然の生態系の基盤を作る一つの力になっていることを、三陸ひとつなぎ自然学校の環境教育プログラムの一つに加えてもらい、現地で息永くコンポスト技術を紹介してもらえることにもなりました。このコンポスト技術の環境教育プログラムづくりには、もちろんわたしたちが協力します。

また、組織の支援活動にひと区切りをつけた遠野エコネットの伊勢崎さん、保坂忠晴さんのお二人は、個人の活動としてこの年も協力してくれました。

という具合に、2013年は、引き続き生ごみコンポストを使っていただいている方のフォローと、三陸ひとつなぎ自然学校への技術移転が主な活動となりました。

柏崎さんたちは春から、生ごみコンポスト技術に取り組み、失敗を経験しながら習熟していきました。環境教育プログラムづくりもほぼ目処が立ち、秋にはデモンストレーションまでこぎ着つけることができました。

これまで交流があった被災者の方の中には、復興公営住宅への移転が決まって、生活再建に踏み出している方もいらっしゃいます。「おかげさまで、公営住宅の抽選に当たったの～」との喜びの声を聞いた時には、しみじみ活動をしてきてよかったと実感しました。

被災地の皆さんは落ち着きを取り戻していらっしゃいますが、高台移転の計画がなかなか進まなかったり、公営住宅の抽選に外れて肝心の住いが定まらず、生活再建の目処が立たない方もいて、新たな悲喜こもごもの状況が生まれているようでした。

ほぼ3年にわたってＪ－ＰＯＷＥＲの被災地支援活動を主導してきましたが、新たな転機を迎えていることも実感していました。緊急支援期をとうに過ぎ、被災地は、自立復興の本格的な時期を迎えています。我々が実施してきた支援活動も、一定の区切りが必要でした。今後、コンポストによる支援活動、企業としての組織活動は頻度を落とし、どうしても必要な支援活動だけを実施する方向でひと区切りをつける方針です。全般的な支援活動は、個人としての活動に切り替えていくことが適切ではないかと考えています。

5 CSR、協働、新たな社会づくり

企業とNPOの協働

被災地での支援活動を通じて、自助、共助、公助という社会のつながり、これまでの社会システムの変遷、現代の人と人、人と社会のつながりのあり方、中央の考え方と地方のものの見方・考え方といったものをあらためて考えさせられました。心から共感できる活動をしている大勢の人たちを知ると同時に、さまざまな認識の隔たり、多様な考えがあることも痛感し、限られた資源や時間の中で、我々はCSR活動を通じて何ができるのか、今取り組んでいることが適切なことなのか、より効果的な活動はないだろうかと思案していました。

そうした諸々の思案の中から、我々も実践してきた企業とNPOの協働について、その原点を振り返りつつ、今後のあり様を展望してみたいと思います。

阪神・淡路大震災が起きた1995年は、日本のボランティア元年と言われます。多く

のボランティアが被災地に集まり、救難と復旧に尽力し、あらためて助け合い、支え合う活動の大切さが広く認識されました。同時に、被災地でのＮＰＯやボランティアの活動が、経済界にＮＰＯの活動を再評価させ、ＮＰＯとの関係を見直すきっかけになったとも言われます。

どういうことかというと、阪神淡路の震災に際して、多くの企業が義援金や支援物質を送り、ボランティアを募って支援活動を繰り広げました。電力業界でも、倒壊した送配電線網の復旧に多くの技術者が派遣され、尽力しました。企業の復興支援活動や派遣されたボランティア社員は、組織だって効率よく毛布などの支援物質や食料を届けたり、瓦礫を片付けたりして活躍しました。しかし、被災された方に「頑張りましょう」と声をかけることはできたけれども、震災の惨状を目の当たりにして、悲しみ、途方に暮れている被災者に寄り添って支えることはできなかったといいます。

震災の厳しい状況の中で、被災者の話を聞き、慰め、そっと寄り添っていたのは、ボランティアやＮＰＯの人たちでした。経団連では、そういう光景を見て、企業活動では対応できない大事な活動があることを素直に認識し、よりよい社会を形成していくためには、ＮＰＯとのこれまでの関係を見直し、相互に弱点を補い、それぞれの持ち味を発揮していけるようにと考えて、「企業とＮＰＯの協働」を大切なＣＳＲの指針として打ち出すことなったのだそうです。

もとより、組織は目的達成のために編成される手段の一つです。通常の企業活動では、無理・無駄・ムラを省き、安全に効率的に業務を進め、いち早く目的を達成するように、多くの場合、ピラミッド構造で組織が編成されます。でも、平時のビジネスに有効なピラミッド組織が、緊急時の救援活動にも有効であるとは限りませんし、救援活動には有効であっても、再建・復興期の支援活動に有効とは限りません。

ことに、救援救助の時期を過ぎた被災地では、被災された一人一人の方の心のケア、生活再建に支援活動のウェートがシフトし、その支援活動には効率やスピードではなく、真摯で細やかな優しさ、思いやりといたわりの心が欠かせなくなります。ボランティアで参加した企業人、会社から派遣された企業人、その一人一人は、そういう気持ちを持っていても、企業組織としての支援活動の中では、その思いをうまく活かせなかったといいます。

ここから、何を読み取るべきでしょうか？

経済界の総本山と言われる経団連から、「企業とＮＰＯの協働」の方針が打ち出されたことは、とてもよい話だと思いますし、企業人の中に、そういう率直な反省と限界を踏まえて、協働関係を呼び掛けた人たちがいることを、嬉しく、また頼もしく思います。経団連では、効率を追求する企業組織では、こうした課題の対応に限界があることを踏まえて、

ＮＰＯの活動基盤をより強固にし、よりよい社会づくりのパートナーとしてその力量を増してもらえるよう、財政面、物資、技術などの面から協力し、サポートする立場を取っているようです。こうした考えは、とても適切な選択であると思います。

Ｊ－ＰＯＷＥＲグループの今回の被災地支援活動では、東日本の悲惨な状況を目の当たりにし、「何かできることはないか」という動機で動き出しました。そういう意味で、初めから効率性や費用対効果という物差しではなく、情動から行動を起こしたと言えるでしょう。その流れで、協働していただける方を探し、活動しながら、「どこまでやるのか、やれるのか」を考えてきたという実態がありました。

一緒に活動してきた八百屋さんは、「支援に来たはずなのに、被災者の方にお願いしてコンポストを使ってみていただいていることに違和感、矛盾を感じていた」といいます。コンポスト使ってもらい、毎月のように訪問して交流し、やってみようという方に使い方を覚えてお花や野菜を育てていただくことで、仮設住宅内の交流の機会になったことは事実ですし、こうした活動ができたことそのものが、彼女自身が大いに尽力してくれたおかげでもあります。その彼女が戸惑いながら、それでも継続して活動してくれていたことに、「その時に気がつかなくてすまなかったなあ」という気持ちと、「同じような悩みを感じながら活動していてくれたんだなあ」と感慨深いものを感じています。

わたし自身は、これまでの支援活動を決して間違っているとは思っていませんし、総括的に振り返ってみると、グループ内の多くの社員も「何か役に立てることをしたい。でも、現実にはなかなか思うように行動できない」という、やるせない気持ちを持っていてくれたようで、「会社が取り組んでくれていて嬉しい」「あらためて、この会社でよかったと思う」などの声もいただきました。その意味では、社員のロイヤリティの維持・向上にも役立っていたようです。また、同様の取り組みをしている企業やNPOとの交流を通じて、自社グループの社会性や評判を高めるといった効果もあったように思います。しかし、確かに「やってみなければわからない」とはいえ、「いつまで支援活動を継続するのか」「何が達成できたらひと区切りとするのか」といった達成目標を明確にしていなかった点は反省すべきですし、もう少し早く検討する必要があったと思います。

新しい時代のCSRを!

国の財政が危機に瀕し、地方では高齢化と過疎化の進行が市町村行政を直撃しています。グローバル経済を見通しながら、人・もの・資金・情報を得て、将来の日本の舵取りを担っている中央のものの見方と、若者をはじめとする人口の流出が続き、従来からのコミュニティを中心に地産地消を基本にしてかろうじて経済が回っている地方のものの見方には、大きなギャップが生じているようです。

被災地では、地域の復興、産業の復興に向けて、若者たちが懸命に働いています。多くの企業が、義援金を支出し、ボランティアを派遣し、さまざまな支援を実施してきました。それでも、まだまだ復興は、遠い道のりです。

目を転じれば、便利で豊かと思われがちな都市部でも、働くお母さん方への支援、子育て世代のさまざまな問題への対処が緊急課題の一つになっていますし、高度経済成長期につくられた大規模団地でも、高齢化の進展によりコミュニティが崩壊の危機に直面するという問題が浮上しています。世界的には、ISO26000に関連して紹介したように、地球環境問題、貧困と経済格差に根差すさまざまな課題が提起されています。

もちろん、一企業、一個人にできることは本当にささやかなものです。でも、誰かがそのささやかな一歩を踏み出さない限り、何も起こりませんし、変わりません。そして、わたしたちはすでに多くの企業や団体、NPO、個人が、持続可能な社会の実現に向けて取り組みはじめていることを知っています。

企業が、よりよい社会づくりの重要な担い手として期待されている現実を踏まえながら、本業との関わりを基軸に、どのようにCSR活動を構築していけばよいのか。自社の強みやＪ－ＰＯＷＥＲらしさを活かせるＣＳＲ活動をどう作り出せるのか。かつまた、本業への貢献、役立ちができるのか。そういった観点を冷静に持ちつつ、持続可能な社会づくり（Sustainable Society）に対する貢献や、その活動評価のあり方を考えながら、新しい時代のＣＳＲのビジョンを創造していくことが、これからの大事な課題になるのではないかと感じています。

視野広くものごとを俯瞰する鳥の目と、現実の課題を観察して一つずつ課題を克服していく虫の目を持ちながら、さまざまな方々とパートナーシップを組んで、着実に取り組みを進めたい。こうした思いを次の世代にも感じ取って受け継いでほしい。今こそ、古い殻から抜け出して、社外のさまざまなパートナーと手をたずさえて持続可能な社会を希求するチャレンジをはじめる時ではないかと思います。

ＣＳＲに関心をお持ちの皆さんは、次代を担う子どもたちに、どのような青空を残そうとお考えになるでしょうか。

Corporate Social Responsibility

あとがきにかえて

30代半ばの頃、ある先輩に「藤木君、立地業務は誠実でないとうまくいかないんだが、立地業務の誠実さとはどういうことかわかるかい」と聞かれたことがありました。

J-POWERには、発電所の新規開発や大規模な増改良工事に伴って、さまざまな方と発電所の立地について話し合い、地域の方々に説明して理解をいただき、用地買収や工事用地の借地交渉を行うという業務があります。そういう業務の中核を担っていた先輩から、そんな問いかけをされたのでした。当時のわたしは未熟者でしたので、補償や用地交渉の仕事とはパワーゲームのようなもので、双方の主張を足して2で割るような、互いに落としどころを探る駆け引きの話し合いというイメージしか持っていませんでした。

その先輩は、「立地用地業務の誠実さとは、できることとできないことをはっきりさせて、交渉する相手にきちんと説明し伝えることなんだ」と話してくれました。

発電所の新規開発や大規模な増設工事には、大きなお金が動きます。たくさんの仕事も発生しますし、何より地域の方々にとっては、生まれ育った町が大きく変わることになります。場合によっては祖先から受け継いできた田畑や土地、財産を手放さなければならないこともあります。そうした大きな変化の中で、地域の人たちの心にはさざ波が立ち、さまざまな期待や不安、疑心暗鬼が生じやすくなります。だからこそ、事業者はできることとできないことをはっきりさせ、明確に説明して話し合い、しっかり交渉する姿勢を持つことが重要なんだと話してくれました。地域の方に過度にご心配をかけても、あるいは過度な期待を持っていただいても、後で齟齬が生じて紛糾することになっては、本当にお互いに困ってしまいます。ですから、時に言いづらいこともきちんと伝えることが、後々の話し合いを難しくしない、信頼していただく秘訣だと、教えてもらいました。

それ以来、よく話を聞き、考え、説明して意見交換すること。決断して実行する場合には、自分自身が納得して決めること（組織的には、組織の意思決定をサポートし、リードすることになります）。これらのことを大事な教訓にしてきました。そして、「できることとできないことを明確にすること。それをきちんと伝えること」というアドバイスは、困難な課題に直面する時にいつも思い出す、羅針盤のような大事な言葉の一つになりました。

こうして振り返ると、さまざまな経験や、その時々に感じたり、いろいろと教えてもらって考えた諸々のことが、今のわたしを形成してきたんだなと感慨深く思います。そして同時に、たくさんの感謝の気持ちが湧いてきます。この「あとがきにかえて」では、わたし自身が持続可能なエコ×エネ社会を考えるヒントにしていること。そして、現実の社会と向き合い、その将来を展望する時に大事だと考えている幾つかのものの見方。また、持続可能な社会をつくるためにどんな行動が必要と考えているかといったことを紹介して、本書の締めくくりとします。

震災前に、アニメをモチーフにして二つの持続可能な社会のイメージが提案されていました。一つは、科学技術が進歩していくことを前提に、その進歩を社会システムに取り入れ、豊かで快適、平和な社会を築くイメージの「ドラえもん型未来社会」です。もう一つは、自然の恵みを基盤に、欲をかかずに足るを知り、地域コミュニティや人々のふれあい豊かな社会を目指すイメージの「サツキとメイ型の懐かしい未来社会」です。

いずれが優れていて、いずれが劣っているかではなく、提案されている社会について細かに考えを深めて、自分のイメージを明確にすることが大事なのではないかと思います。

たとえば、エネルギー面を考えると、ドラえもん型社会では、きっと安全技術を確立して原子力発電も利用し、エネルギー需給の安定を目指すと思いますし、優れた探査技術を実用化して新しい資源を利用することも視野に入っていると思います。さらには、人工光合成技術を開発して、地球環境問題とエネルギーと食糧問題を同時に解決する、夢のような提案に広がっていくイメージです。一方のサツキとメイ型では、石油や石炭などの従来型の化石燃料をも使いながら、できるだけその節約（省エネ）を進めて、森林資源（薪や炭）をはじめとするバイオマスエネルギーと水力や地熱エネルギー、太陽光や風力などの再生可能エネルギーの利用を拡大して、エネルギー面でも自立していくイメージでしょうか。

政治的には、両者とも自由で平和な社会を希求する印象ですが、ドラえもん型社会では自由であることにより大きなウェイトを置くように感じます。サツキとメイ型では公平であることや平和であることにより大きな社会的価値を置いているように感じます。

経済システムの面では、ドラえもん型社会では、情報通信技術や交通輸送技術がさらに進んで、今もグローバル化している自由経済がより規模を拡大して密接になり、いつでも、どこにいても地球の裏側にいる人々と取引ができ、ほしいものやサービスを簡単、スピーディーに手に入れることができるような、開放的で活動的な経済システムのイメージがあります。サツキとメイ型では、国内や地域内で生産される農産物や海産物を活用して衣食住の自給率を高めるとともに、地域の経済を循環させていく。いわば地産地消型の地域完結的で、地球の生態系サービスに沿って暮らしを立てていく経済社会のイメージでしょうか。ドラえもん型と比べると、少し閉鎖的でおとなしい経済社会というイメージです。

両者とも産業経済的には、資本主義を前提とするイメージですが、経済的価値、「お金持ちであること／お金持ちになること」に対してどれだけのウェートを置いているかは、定かではありません。アニメの印象からは、いずれの社会も平和で家族や友人たちと交流し、その時々の喜怒哀楽の中で、心豊かに伸び伸びと暮らす社会であるように感じます。

生活を支える収入は重要ですが、働くことやものを作ったり育てることに手応えや喜びを感じて、生き甲斐を見いだす。そんな価値観を持っているように感じます。

また、両者とも個人が自由に活動できる自由社会ですから、順次、切磋琢磨してよりよい商品や作物を提供できるように、暮らしが豊かになるようにと、さまざまな技術開発も進むものと思います。でも、その技術進歩を社会に取り入れる際の姿勢は少し違っているかもしれません。ドラえもん型では基本的に自由で、その技術進歩を取り入れるか否かの判断は個人に任せる社会でしょう。サツキとメイ型ではコミュニティにどのような変化をもたらすかを慎重に議論する、多少保守的な社会であるかもしれません。

先に書いたように、二つの提案を素材にして、それぞれの特徴を思い描いて、こうありたいと思う持続可能な社会のイメージを膨らませることが大切ではないかと思います。

もう一つ、現実の社会と向き合う時に、「長い目でみると、どんなものも変わるし、社会も変わる」ということを知っていてほしいと思います。

１９８０年代、当時、世界はまだ自由主義と社会主義の東西冷戦構造の中にありました。日本経済はまだまだ力強く、ジャパン・アズ・ナンバーワンなどともてはやされてもいました。しかし、間もなくソ連の崩壊により東西の冷戦構造は終焉を迎え、日本ではバブル経済が破綻し、グローバル化する経済環境の中で低成長の時代を迎えます。「日本のこれまでの復興と経済成長を支えてきた社会システムが、制度疲労を起こしているのではないか。これまでの社会制度を見直して、リストラクチャリング（再構築）することが必要である」との声が大きくなり、日本は、社会の活力を高める目的でさまざまな事業規制を緩和し、行財政改革、会社事業の改編、金融再編、税制改革、社会保障改革などを進めました。そして雇用の面では、「雇用の流動化」を合言葉に労働者派遣法が成立し、専門性が高い業務分野で派遣労働が解禁され、非正規雇用が増えました。現在も規制緩和の流れは続いていて、わたしが働く電力業界では、２０１６年から電力市場は全面的に自由化されますし、２０２０年には発送電が分離されて電力の自由化が進むことになっています。

技術開発もさまざまな分野で進んでいます。ＩＣＴ技術の進化は、そのスピード、圧倒的な内容の広がりと多様性、社会へのインパクトの大きさなど、現代の技術進歩の典型です。

30数年前、わたしの入社当時は、パソコン、ワープロはまだ登場していませんでしたから、当然、書類は文章、表、グラフを含めてすべて手書き、手作りでした。比較的読みやすい字を書いていたわたしはよく清書を命じられました。会議資料は手作り原稿を複写機でコピーして準備していましたが、現在のように多機能で優秀なソーターはありませんでしたから、若手社員が何人かで書類をそろえて、ホッチキスやクリップでとめる作業が必要でした。「古きよき時代」と言えばそれまでですが、そうした仕事をしながら、先輩や上司の書類のまとめ方、仕事の進め方を見聞きし、人にもまれて育てられてきたといえます。

現在の仕事は、論理的で客観的な経済合理性の下で利益を追求する事業モデルが盛んになり、グローバルに展開されていますから、検討処理する情報は多岐にわたり、その量も相当なボリュームです。しかも、情報をうのみにすることなく咀嚼し、考え、その意味や背景、潜在しているかもしれない課題を感知していく重要性は変わりませんから、以前にもまして仕事の密度は高まっています。溢れる情報に流されることなく、自ら考える若手社員をいかに数多く育成していけるか、ＩＣＴ時代の大きな課題であると思います。

教育面では、大学改革、入試改革が進められましたし、学校教育では、知識偏重が反省されてゆとり教育が導入されました。その後、学力低下の懸念が出てきて、あらためて指導要領が見直されています。子どもの学力やしつけは、学校だけの課題とはまったく思いませんが、子どもたちの変化を把握しながら柔軟に学習指導要領を是正するという姿勢は大事なことです。並行して、総合学習の時間などを通じて、体験して学ぶことの大切さ、さまざまな体験が子どもたちに学ぶ楽しさを気づかせる効果があることが、広く認識されてきました。そして、学校教育にもＥＳＤを取り入れる動きが具体化しているようです。

さらに、環境保全、防災などのさまざまな社会課題について、広く市民の理解を得ていくために、教育という手法を活用する重要性が広く認識されるようになりました。そして、こうした社会教育の場面では、行政機関だけではなく、NPO／NGOの人々の専門性と熱意を活かしていくことが必要であり、企業も場を提供する、NPOと協働するなどして、参加していくことの重要性が広く認識されてきています。

こうして見てみると、一世代30年の間に、さまざまな大きな社会変化が起きることがわかります。ですから、持続可能なエコ×エネ社会の実現に向けた取り組みも、着実に少しずつ、小さな成果を積み重ねていくことで、次第にその大切さが理解されていき、その実現に近づけるのではないかと思います。そのために、考え続け、取り組み続けていくことこそが最も大事なことではないかと思っています。

社会の変化と向き合って物ごとを進める時には、変化の内容をよく観察し、その変化をどのように受け止めるべきか、未来志向で考えることが大切だと思っています。

社会にはさまざまな変化が起こりますが、そこには必ず好ましい光輝く部分と好ましくない影の部分が生じます。たとえば、インターネットの手軽で快適な情報コミュニケーション技術は、人々の情報収集力を高め、個人の情報発信を容易にし、グローバルな発信も可能にしました。とても喜ばしく素晴らしい変革ですが、一方では、インターネットの匿名性を隠れみのにするいじめや犯罪が社会問題になっています。利那的で虚無的な意見が多く書き込まれる掲示板は、新たな偏見や差別の温床になっているようにも感じます。

ですから、「鳥の目」で全体を俯瞰すると同時に、「虫の目」で個々に生じている課題を分析把握すること。また、物事の経緯を「時間の目」で探って、改善策や防止策を考えること、「科学の目」で合理的で効果的な対策を考えることが必要です。そして、現在の課題をよく理解して、求められる取り組みを未来志向で柔軟に考える、前向きな「未来の目」が必要になると考えています。

社会貢献活動や環境教育に関わるようになって、「想像と創造」が大事なキーワードであると教えていただきました。あるべき姿を想像し、それに向けてたゆまず工夫を凝らして改善し、プロセスを作り出し、新しい価値を創造する。この想像と創造こそが、実は未来の目、未来志向で考えるということではないかと感じています。

そして、「評論家ではなく、自分ごととしてとらえて、身近にできる行動に結び付けていくことが大事だ」ということを締めくくりのメッセージにしたいと思います。

昔も今も、社会は常にたくさんの課題を抱えています。わたしは、現在の日本が抱えている最大の課題は、経済格差が広がり、かつて「一億総中流」といわれた中産層、中間層がやせ細ってしまい、貧困層が増大していることではないかと思っています。このことが、社会におけるさまざまなひずみや不安定化の要因になっているのではないでしょうか。

トマ・ピケティ教授は、資本収益率が経済成長率を上回ることで格差が拡大することを膨大なデータから実証しました。本来、自由な経済活動、自由な競争を旨とする資本主義に内在する課題ともいえます。ピケティ教授の指摘は、「富の再配分のメカニズムが歪んでいる結果、あらゆる国で貧困が拡大して、世界が不安定化しているのではないか」との警鐘と受け止めています。そして、この格差の拡大、貧困の問題は、世界の政情不安、貧困による環境破壊、緑地の喪失とＣＯ２の排出増など、地球温暖化にもつながる課題ではないかと認識しています。

かつて力強く経済成長していた日本では、政府が税制や社会保障、公共事業などを通して必要な規模の富の再配分を行うことで、一定の格差是正と社会の安定を維持してきたと思います。しかし、失われた20年といわれる長い不況が成長率を鈍化させ、グローバル化とともに強まった新自由主義的な考え方が、政府の富の再配分機能を限定的なものに押しとどめたのではないか。その結果、中流層は分解し、貧困が増大して経済格差が拡大しているように思います。そして、貧困を受け止めるはずの社会のセーフティーネットは、国や地方の財政難によって必要な措置を講じることができず、貧困のオーバーフロー、非正規雇用の増大とともに社会の不安定性が増しているように思えるのです。

富の配分の問題のほかにも、自由な市場での競争が激化し、優勝劣敗が明らかになり、市場の寡占や独占が進むと、それによって健全な競争が阻害され、寡占や独占の弊害が生じる。そういった矛盾も資本主義にはあります。典型的な資本主義、自由主義のアメリカは、世界一の格差社会と言われます。優れた者が勝ち、劣ったものは泣きを見る。それはそれで仕方がない。自由な競争を勝ち抜き、アメリカンドリームを実現できる可能性が皆にあることが大事だと考えるなら、それも一つの見識と言えるかもしれません。

しかし、わたしには、農耕文化を背景に、勤勉に働き、誠実に技術を磨いて家族を養い、文化を伝承して、永い時間をかけて形作ってきた日本の精神風土とは相いれないように感じます。「和をもって貴しとなす」という日本的な社会観とは大きく食い違ってしまい、本当に安心して幸せに暮らせる社会といえるのだろうかと感じているのです。

現実には、いろいろな矛盾や限界があるにしても、資本主義より優れた経済社会システムは見出すことができないと思います。そして、人々が自由を求める限り、自由経済は維持されるでしょうし、新しい技術やシステムの開発によって、常に資本主義は進化し拡大していくものと思います。ですから、その行き過ぎによって問題が生じるときに、しっかりとブレーキの役割を果たす仕組みが社会の中に組み込まれていることが重要です。そして、ブレーキになるのは、倫理や哲学、愛ではないかと思いますし、現実の社会の中では、本来は政治がその役割を受け持つべきものと思います。その意味で、政治家を選ぶ我々大人の責任は重いといわねばなりません。まず選挙に行く、投票することが、我々にできることですし、おろそかにしてはいけない大事な行動だと思っています。

社会を好ましい方向に変えていくための行動も、何か特別のことをするというのではなく、わたしたちの日常の消費行動を通じても実行することができます。新しい技術をどのように社会に取り込んでいくか、環境負荷をどのように減らしていけばよいか。そんなことを考えながら、どのような自動車や家電製品を選ぶか。安さゆえに地球の裏側から届けられる食料品を買うのか、少し高くても地産地消の産品を購入するのか。その時々の財布の中身と相談することにはなるでしょうが、身近な買い物を通じて行動することができます。実際にエコ商品が増えているのは、そういう賢い消費者が増えた結果、企業が生産し販売する商品が変わってきたということだと思います。

さらには、「環境やＣＳＲといった視点を重要視している会社にはどんなところがあるんだろう」という関心を持っていただければ、そういった企業の商品やサービスを購入することで、企業の環境活動やＣＳＲ活動を応援し、サポートしていただくことができます。

また、世界の貧困や飢餓の問題に取り組んでいる企業の商品・サービスを購入することで、世界の貧困の問題、平和や安定に貢献することができるともいえるでしょう。

また、さまざまなＮＰＯが海外のＮＰＯ／ＮＧＯとつながって、多様な活動をしています。我々は、そうしたＮＰＯの活動に寄付したり、ボランティアでお手伝いすることで、世界の平和の実現に貢献することができます（Ｊ－ＰＯＷＥＲでは、公益社団法人シャンティ国際ボランティア会の途上国の子どもたちに絵本を贈る活動、およびＮＰＯ法人ハンガー・フリー・ワールドの飢餓のない世界を作るための活動に賛同し、身近なボランティア体験の機会を設けて活動に協力しています）。

わたしの話が、ＣＳＲとは別のものになっているように思われているかもしれません。しかし、社会の安定は企業にとっても大事な条件ですし、社会を構成する一人一人の消費者は企業にとって大事な顧客であり、ステークホルダーです。一人一人の消費行動や商品選択は、実は企業に対して大きな影響を与えているのです。

社会の変化をいち早く感じ取り、持続可能な社会づくりと結びつけて自分ごととしてとらえ、考え、行動できる人が増えることは社会的に好ましいことですし、視点を変えると、そうした社員が増えることは、会社の活力を維持向上し、多様な可能性を探求して事業の潜在的な開発力を増すことにもなりますから、企業にとってもとても重要です。
さまざまな社会課題がある中で、企業の活動としてどのような課題に向き合い、どのように会社の本業と結びつけて持続可能な社会の実現に向けた取り組みを発想し、実践していけるか。わたし自身は、まだエコ×エネの取り組み以外に具体的な取り組み課題を見いだせていませんが、この活動を続ける中で、広い視野を持ち、明確な目的を見つけて、具体的な小さなヒットをいくつも積み重ねていけるように、今後もたくさんの人々との出会いや協働活動を楽しみながら、息長くチャレンジしたいと思います。
本書が何かしら皆様の参考になるようでしたら幸いです。

最後に出版の後押しをして下さった中西昭一さん、出版に際して本書の構成などにお骨折りいただいたみくに出版の安修平さん、太田穣さん、お写真をご提供いただいた写真家の吉田敬さんに心からお礼申し上げます。

平成二十七年四月
藤木勇光

Profile

藤木勇光（ふじき　ゆうこう）

1955年、岩手県釜石市生まれ。1979年、中央大学法学部卒。同年、電源開発株式会社に入社。経理部決算課を振り出しに、現場では、竹原火力発電所の保守および3号機増設工事に関する業務、水力発電所と送変電所・通信所を統括する支店／支社業務、揚水発電所の開発調査業務などを経験。本店では、企画部、技術開発部、人事労務部、秘書広報部に勤務。

1997年、企画部民営化準備室にて、企業理念の制定に関わり、その理解浸透と社員の意識改革を目的に進められたCI活動(Corporate Identity 活動)の推進事務局を担当。これ以来、企業の文化や風土、環境、コーポレート・コミュニケーションなどに関心を持つ。

2007年より、エネルギーと環境のつながりを体験型、対話型で伝える「エコ×エネ体験プロジェクト」の責任者として、同プロジェクトの運営と拡充に従事し、現在に至る。

装丁／長澤 均（papier collé）
写真提供／吉田 敬

CSRは社会を変えるか
“企業の社会的責任”をめぐるJ-POWER社会貢献チームの挑戦

2015年5月30日 初版第1刷発行

著　者　藤木 勇光
発行者　安 修平
発　行　株式会社みくに出版
〒150-0021 東京都渋谷区恵比寿西2-3-14
電話 03-3770-6930 FAX.03-3770-6931
http://www.mikuni-webshop.com/

印刷・製本　サンエー印刷

ISBN978-4-8403-0574-7 C0034